TECHNOLOGIE DES FABRICATIONS MECANIQUES

Progresser en fraisage

Yves BAUSWEIN

Professeur agrégé à l'IUT de Metz

Ingénieur mécanicien

Du même auteur :

Progresser en tournage, technologie de fabrication mécanique

Remerciements

L'auteur tient a remercier :
- monsieur Jean Bardelli, technicien d'usinage a l'IUT de Metz, pour ses critiques constructives et ses conseils,
- la société Dassault Systèmes SA, pour l'autorisation de publier les dessins techniques de l'ouvrage, créés avec les logiciels SOLIDWORKS et CATIA,
- le département Génie Mécanique et Productique de l'IUT de Metz, pour les crédits photographiques.

Avertissement

Le fraisage est une activité dangereuse. Elle peut entrainer des blessures graves ainsi que des dommages matériels importants. C'est pourquoi il est recommandé de réaliser les exercices présentés sous la direction d'un professionnel de l'usinage.

Conseil

Tous les professionnels compétents aujourd'hui doivent leur réussite a leur motivation et leur curiosité. Aussi, soyez curieux et ne négligez aucune source d'information et d'apprentissage. Les sources suivantes, de grande valeur, sont consultables sur Internet et complèteront ce manuel à la perfection :
- les vidéos en ligne de l'AFPA usinage
- le forum de passionnés : https://www.usinages.com

Tables des matières

Voici une fraiseuse universelle :

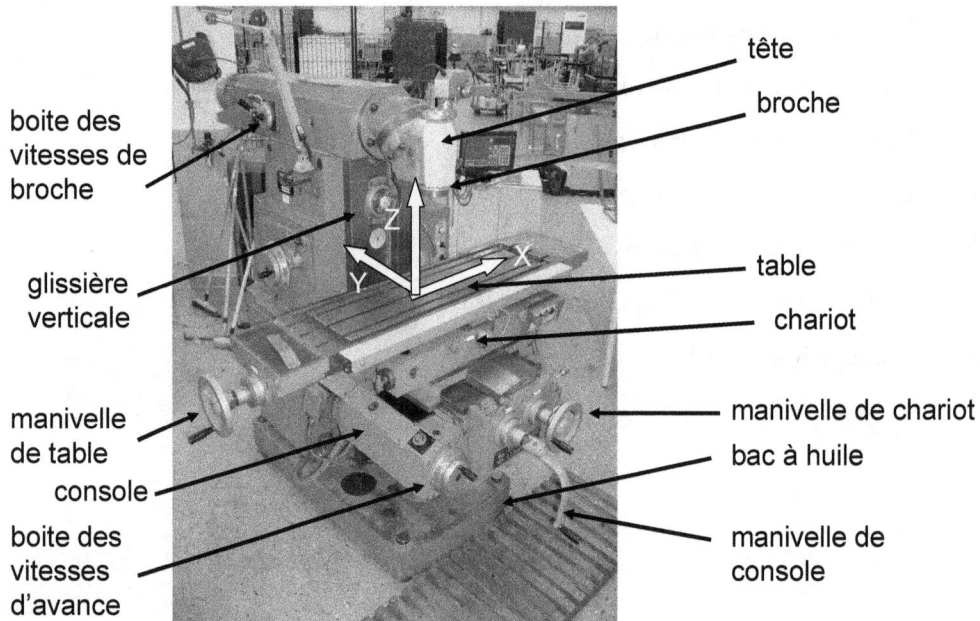

Le fraisage combine deux mouvements :

- le mouvement de la fraise qui est monté sur la broche et tourne à la vitesse que vous avez choisie (généralement entre 20 et 1000 tours par minute). Ce mouvement, rapide est appelé **mouvement de coupe.**

- le mouvement de la pièce, qui est montée sur la table de fraiseuse, appelé **mouvement d'avance**. La table de fraiseuse peut se déplacer suivant l'axe X, soit en automatique (lors de l'usinage) soit manuellement avec la manivelle (lors des réglages). La table est montée sur le chariot. Le chariot peut se déplacer suivant l'axe Y, soit en automatique soit manuellement. Le chariot est monté sur la console. La console peut se déplacer suivant l'axe Z en automatique ou manuellement. Ces trois mouvements combinés donnent le mouvement de la table par rapport à la fraise. Cependant, la fraiseuse étant une machine **paraxiale**, un seul de ces axes peut bouger en automatique à un moment donné : le mouvement automatique et simultané des axes est le propre des machines de **contournage**, les machines à commande numérique.

Une fraiseuse comporte deux boites de vitesses : une boite pour sélectionner la vitesse de rotation de la broche et une boite pour choisir la vitesse d'avance. Le mouvement du moteur est généralement transmis directement aux deux boites. Si par calcul vous obtenez une vitesse de broche de 90 t/min, il est prudent de sélectionner la vitesse immédiatement inférieure (80 t/min dans l'exemple photo ci-contre). Il vaut mieux tourner un peu trop lentement que trop vite. La boite des avances (photo ci-contre) se règle selon le même principe. Sur la photo, la vitesse sélectionnée est de 200 mm/min.

Les manivelles

Les manivelles sont équipées d'un tambour et d'un vernier gradués. Sur la photo ci-contre, le tour de tambour comporte 120 graduations. Chaque graduation représentant 0,05 mm, un tour de manivelle correspond à un déplacement de 6 mm. Souvent, le fraiseur « remet le tambour à zéro » : une fois un réglage effectué, l'usineur tourne le tambour pour faire coïncider le « zéro » avec le trait vertical du vernier. Cela facilite les réglages ultérieurs.

L'arrosage.

L'arrosage joue un rôle important en usinage : il est nécessaire pour refroidir les outils en acier rapide (HSS ou ARS) : sans le refroidissement, les outils en acier rapide, comme les forets par exemple, perdent leur dureté. A noter que, dans le cas de l'usinage de la fonte grise, l'outil en acier rapide n'a pas besoin d'être refroidi car le graphite contenu dans la fonte grise est un lubrifiant. Dans le cas des outils à plaquettes carbure, qui supportent des températures très élevées, le refroidissement n'est pas nécessaire car ils ne perdront pas leur dureté. Au contraire, les refroidir reviendrait à leur faire subir un choc thermique : on évitera de les arroser lors de l'usinage.

Voici un exercice pour prendre la fraiseuse en main :

1) Avec la manivelle de potence, descendez la potence pour qu'elle soit environ 30 cm en dessous de la broche (mouvement Z+). Reculez le chariot (il vient vers vous et s'écarte de la machine : mouvement Y+).
Convention : le signe + des axes écarte la fraise de la pièce.

2) Réglez une vitesse de broche des 224 t/min. Mettre la machine en marche et faire tourner la broche. Appuyez sur l'arrêt d'urgence.

3) déverrouillez l'arrêt d'urgence et remettez votre machine sous tension. Réglez la vitesse de broche sur 125 t/min. Mettez la broche en route ; arrêtez la broche ; Faites tourner la broche en sens inverse ; Arrêtez la broche.

4) Réglez une vitesse d'avance de 20 mm/min sur la boite des avances. Faites tourner la broche dans le sens horaire (si vous êtes au dessus de la fraiseuse, la broche paraît tourner dans le sens des aiguilles d'une montre). Enclenchez l'avance automatique de la table. Observez ce qui se passe. Débrayez. Enclenchez l'avance automatique de la table dans l'autre sens. Débrayez. Arrêtez la broche.

5) Refaites l'étape 4 en faisant avancer et reculer le chariot.

6) Réglez une vitesse de 750 t/min (ou choisissez la vitesse immédiatement inférieure si celle-ci n'existe pas). Faites tourner la broche et enclenchez l'avance automatique du chariot. Y a-t-il un changement ? Débrayez. Arrêtez la machine.

2.1   Montage de la fraise

Le premier usinage de ce livre est une ébauche de parallélépipède : la géométrie est importante (parallélisme, perpendicularité) mais pas l'état de surface. En effet, les états de surfaces sont réalisés lors des opérations de finition. Nous allons utiliser une fraise à surfacer de diamètre 63 mm, à 5 dents, à plaquettes carbure rapportées de rayon de bec 0,8 mm (photo ci-contre) :

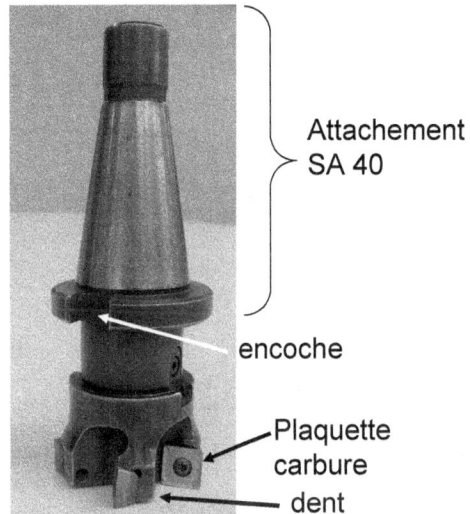

Attachement
SA 40

encoche

Plaquette
carbure
dent

- une fraise à surfacer car le travail sera un travail de surfaçage : on appelle **surfaçage** l'usinage d'une surface perpendiculaire à l'axe de la fraise,

- de 63 mm de diamètre car c'est la taille standard immédiatement au dessus de la plus grande dimension de la pièce (57 mm) : cela permet d'usiner toute la surface de la pièce en une seule passe. On trouve des fraises à surfacer en diamètres 50, 63, 80, 100, 125, 160, 200, 250…qui sont des dimensions standard (on passe d'un diamètre à l'autre en multipliant par 1,25). La fraise de 63 mm a 5 dents.

- à plaquettes carbure : les fraises à surfacer en acier rapide peuvent aussi être utilisées mais avec une plus faible vitesse, d'où une plus mauvaise productivité,

- de rayon de bec 0,8 mm : les quatre coins des plaquettes sont arrondis car sinon, l'outil serait trop fragile. Pour l'exercice, il faut des plaquettes d'un rayon de bec (comprendre rayon du coin) supérieur ou égal à 0,8 mm. Lorsque vous achetez des plaquettes, le rayon est marqué sur la boîte.

Pour monter l'outil sur la broche, nous utiliserons un attachement SA 40, un tirant et un écrou.

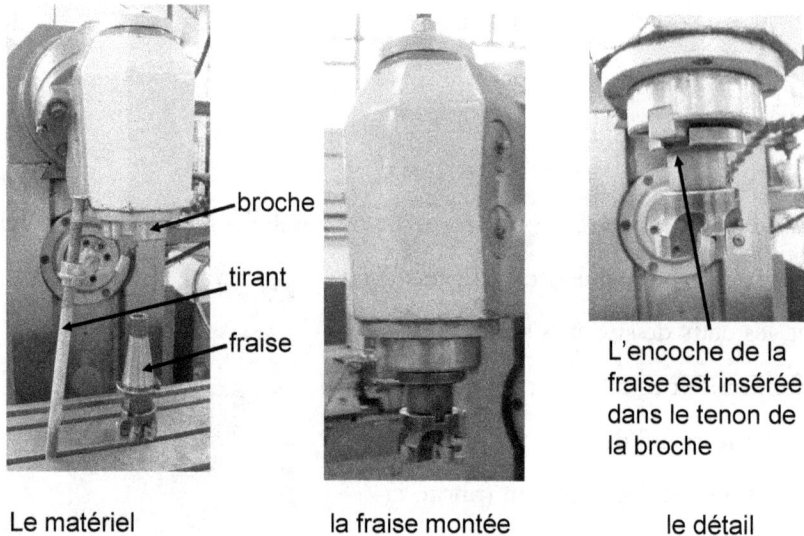

broche
tirant
fraise

L'encoche de la fraise est insérée dans le tenon de la broche

Le matériel   la fraise montée   le détail

Monter l'écrou à une extrémité du tirant, insérer le tirant dans le trou qui est sur la tête de la fraiseuse, insérer le cône de la fraise dans la broche, visser le tirant dans la queue de fraise et terminer en serrant l'écrou. Si le montage est bon, les tenons de la fraise doivent être dans les encoches de la broche et la fraise doit être serrée sur la tête de la machine.

2.2   Montage de l'étau

La position de l'étau est très importante pour la précision des usinages : en effet, le mors fixe doit être rigoureusement parallèle à l'axe X de déplacement de la table. Pour cela, faire glisser les lardons d'étau dans la rainure centrale de la table, et fixer l étau en serrant légèrement.

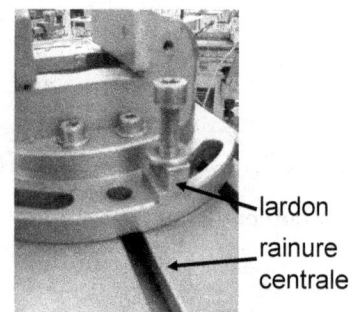

lardon
rainure centrale

Ensuite, contrôler l'orientation du mors fixe à l'aide d'un comparateur (photo ci-contre). Pour cela, il faut monter un pied magnétique sur la glissière verticale de la machine, monter le comparateur sur l'extrémité du pied magnétique de façon à ce que la bille du comparateur touche le mors fixe. En tournant la manivelle de table (axe Y), promener la bille le long du mors fixe : l'aiguille de la bille doit être immobile. Si elle ne l'est pas, modifier l'orientation de l'étau au maillet et contrôler à nouveau. Continuer ainsi jusqu'à ce que l'aiguille du comparateur ne dévie plus. Serrer fermement les vis de fixation d'étau.

2.3   Réglage des paramètres de coupe

Pour débuter, nous allons utiliser une vitesse de coupe Vc de 100 mètres par minute : cela veut dire que les arêtes coupantes des dents de l'outil ont une vitesse périphérique de 100 m/min. Calculons la vitesse de rotation de la broche. Le diamètre de la fraise est de 63 mm. Le périmètre de la fraise est donc de 63 x 3,14 = 198 mm/tour = 0,198 m/tour. La vitesse périphérique de la fraise est donc :

$$Vc \quad = \quad \text{périmètre} \quad \times \quad \text{nombre de tours/minute}$$

Unités :   m/min = m/tour   ×   tour/min

Or le périmètre est en mm/tour et vaut $3,14 \times$ diamètre fraise : on remplace donc 1m/tour par 1000 mm/tour et « périmètre » par « $3,14 \times$ diamètre fraise «

$$Vc \quad = \quad 3,14 \times \text{diamètre fraise} \quad \times \quad \text{nombre de tours/minute}$$

Unités :   m/min = 1000 mm/tour   ×   tour/min

Soit N la vitesse de rotation de broche. On a :

$$N = \frac{1000 \times V_c}{\pi \times D}$$

où :
- **Vitesse de rotation en t/min** désigne N
- **Vitesse de coupe en m/min** désigne V_c
- **Diamètre de fraise en mm** désigne D

N = (120 000 mm/min) / (198 mm/tour) = 505 t/min

Pour l'avance, on prendra 0,3 mm/dent. Comme la fraise a 5 dents, l'avance par tour sera de 5 dent/tour x 0,3 mm/dent = 1,5 mm/tour. Comme la fraise tourne à 505 t/min, on règlera une avance de 505 t/min × 1,5 mm/tour = 757 mm/min. D'où la formule :

$$A = a \times z \times N$$

où :
- **Avance mm/min** désigne A
- **Nombre de dents** désigne z
- **Avance par dent mm/dent** désigne a
- **Vitesse de broche t/min** désigne N

C'est la théorie.

La boite de vitesses de la fraiseuse ne propose pas 505 t/min : on prendra donc la vitesse immédiatement inférieure au chiffre trouvé (pour la fraiseuse de l'auteur : 430 t/min). Du coup, il faut adapter l'avance : comme la fraise tourne à 430 t/min, l'avance de la fraise sera de 430 × 1,5 = 645 mm/min (on prendra la vitesse immédiatement en dessous soit 560 mm/min sur la fraiseuse de l'auteur)

Sur les feuilles d'instructions détaillées du livre, les chiffres 505 t/min et 750 mm/min apparaîtront : il vous appartiendra d'adapter les chiffres à votre machine.

Si vous n'avez pas de fraise à surfacer à plaquettes carbure, ce n'est pas un problème : vous pouvez utiliser la fraise cylindrique deux tailles Ø 63 mm en ARS (acier rapide supérieur) de l'exercice suivant, en remplaçant les 100 m/min par 29 m/min et les 0,3 mm/tour par 0,2 mm/tour.

Vous trouverez une vitesse de broche de N = 146 t/min (régler la vitesse immédiatement inférieure)

Soit z le nombre de dents : l'avance A sera : A = 0,2 × z × 146 (mm/min)

Pour 8 dents, on obtiendrait : A = 233 mm/min (régler l'avance immédiatement inférieure)

Chiffres à adapter à la machine comme précédemment.

Au chapitre précédent, nous avons préparé l'outil, l'étau et réglé la machine. Il ne reste plus qu'à monter correctement le brut dans l'étau pour commencer la fabrication. Nous nous intéresserons donc à l'isostatisme.

3.1   Le principe

L'étau doit remplir deux fonctions :

-    assurer la mise en position de la pièce,

-    assurer le maintien de la pièce par serrage.

Etudier l'isostatisme d'une pièce, c'est étudier la mise en position et le maintien en position de cette pièce en éliminant tous les mouvements qu'elle pourrait avoir avec le porte-pièce (étau de fraiseuse par exemple). Comme l'espace a trois dimensions, un objet a six mouvements possibles dans l'espace : trois translations Tx, Ty, Tz et trois rotations Rx, Ry, Rz. Pour mettre une pièce en position, il faut donc supprimer les six mouvements possibles.

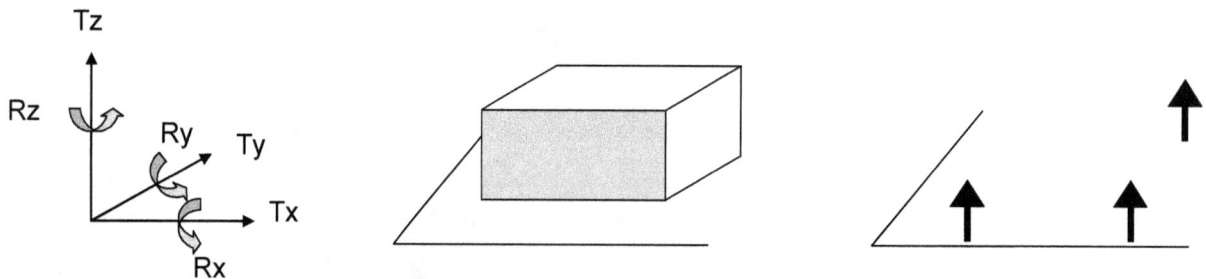

Si on pose la pièce sur un plan horizontal, la pièce ne peut plus tourner suivant X, ni suivant Y sans rompre une partie du contact. La pièce ne peut pas non plus translater suivant Z sans rompre le contact. L'appui plan supprime Rx, Ry, Tz. On dit que l'appui plan supprime 3 degrés de liberté.

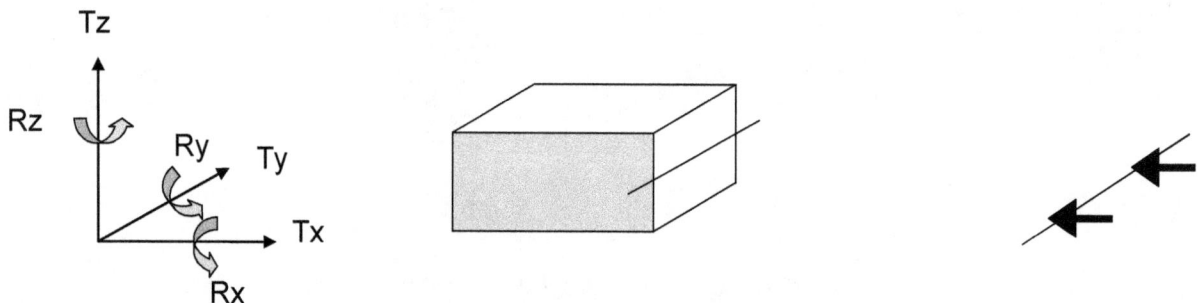

Si on appuie la pièce contre une ligne (schéma ci-dessus), la pièce ne peut plus tourner suivant Z ni translater suivant X sans rompre une partie du contact. L'appui linéique supprime 2 degrés de liberté.

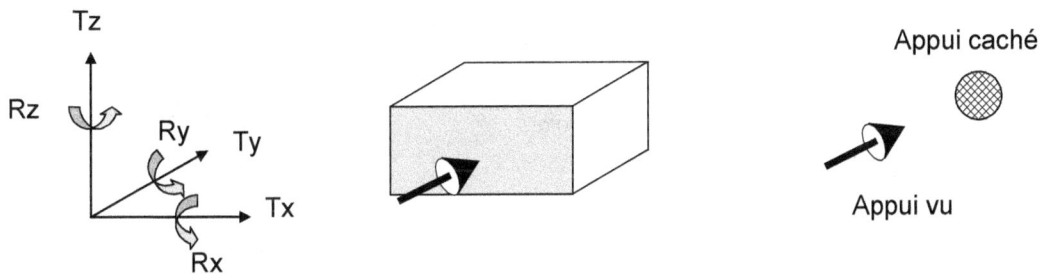

Enfin, si on appuie la pièce contre un point comme sur le schéma ci-dessus, on supprime une translation (ici Ty). On dit que l'appui ponctuel supprime un degré de liberté.

Pour supprimer les six degrés de liberté de la pièce, on peut utiliser un appui plan, un appui linéique et un appui ponctuel.

3.2   Les règles

1) Il faut supprimer tous les 6 mouvements possibles de la pièce :

- soit par un appui (mouvement bloqué),

- soit par serrage (mouvement freiné)

2) Seul un appui garantit la précision dimensionnelle ou géométrique (par exemple, on ne prendra jamais référence sur un mors mobile puisque c'est un élément de serrage : on utilisera comme appui le mors fixe)

3) Il est interdit de supprimer deux fois le même mouvement (si le même mouvement est supprimé deux fois, on ne sait pas quelle est la vraie référence et la géométrie obtenue sera fausse) : on appelle ça *l'hyperstatisme*.

3.3   La mise en oeuvre

Pour ce premier exercice de fraisage, nous allons scier un bloc de 50 x 50 x 57 dans une barre carrée de S235 de 50 mm de côté et fabriquer un parallélépipède de 48 x 39 x 55 mm qui nous servira de brut pour l'exercice suivant. Pour sa fabrication, il faudra 6 sous-phases, une pour chaque face.

Première sous phase :

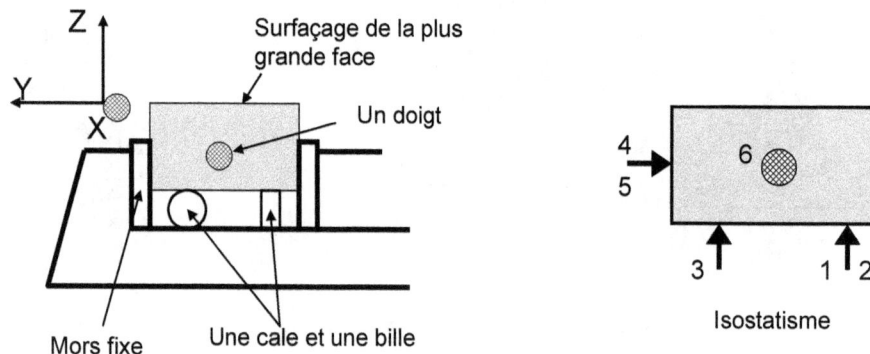

Cale et bille forment un appui plan : ils suppriment Tz, Rx et Ry. Le mors fixe est un appui linéique (on n'a pas le droit de prendre le mors mobile car sa position exacte est inconnue) : il supprime Ty et Rz. Le doigt (une barre d'acier, pas celui du mécanicien !) est un appui ponctuel : il supprime Tx.

Conclusion :
- les 6 mouvements possibles Tx, Ty, Tz, Rx, Ry et Rz sont supprimés : la règle 1 est respectée.
- La position exacte des appuis plan, linéique et ponctuel est connue : l'étau étant monté sur la fraiseuse, ils sont fixes. La deuxième règle est respectée.
- Tous les mouvements ne sont supprimés qu'une seule fois : la troisième règle est respectée.

Le montage de la pièce est donc bon.

Remarque : dans la pratique, les fraiseurs utilisent souvent deux cales au lieu d'une cale et d'une bille : le montage est hyperstatique car les deux cales suppriment quatre mouvements au lieu des trois de l'appui plan. Un mouvement est donc supprimé deux fois (non respect de la règle 3).

Le résultat ? Une des cales tourne facilement autour de Z sous la pièce et la géométrie obtenue sera encore acceptable si les deux cales sont rigoureusement identiques. Une mauvaise pratique très répandue…

Un mors fixe sert à la mise en position d'une pièce (car sa position exacte est connue) ; un mors mobile sert au maintien en position d'une pièce (car sa position exacte est inconnue).

Pour la première sous phase, la pièce n'a que des surfaces brutes. Les surfaces qu'on utilise pour la première mise en position sont appelées ***surfaces de départ*** (SD). Elles permettront d'usiner après une première surface de bonne qualité qu'on utilisera comme surface de référence pour fabriquer les autres faces.

Les premiers usinages doivent permettre de fabriquer les surfaces de référence à partir des surfaces de départ.

Pour fabriquer un parallélépipède, on usinera en premier la plus grande face qui servira de référence pour réaliser les autres (moins d'erreurs géométriques). On va donc usiner les faces de référence par ordre de taille décroissante. Dans notre cas, le doigt n'est pas utile parce qu'on usine pas de cote précise suivant X (l'axe du doigt) mais suivant Z (règle 2).

Deuxième sous phase :

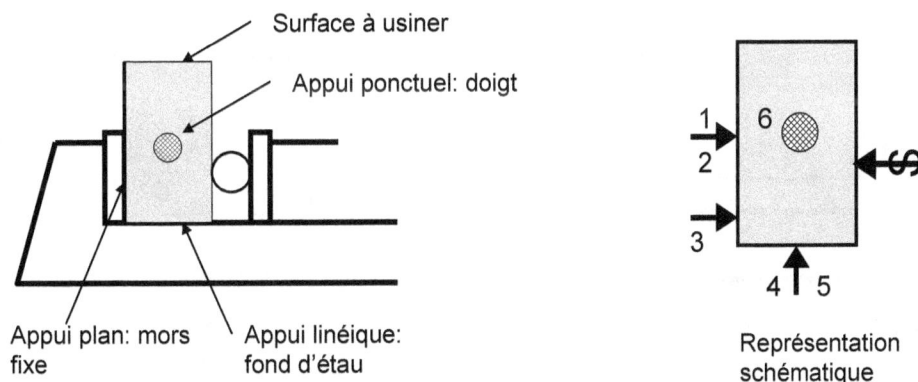

Surface à usiner
Appui ponctuel: doigt
Appui plan: mors fixe
Appui linéique: fond d'étau
Représentation schématique

En deuxième sous phase, on utilise évidemment la face qu'on vient d'usiner comme face de référence : c'est la seule de géométrie précise. Elle est contre le mors fixe (trait épais sur la figure). Ensuite, il y a deux choix possibles pour la face à usiner : une face de 49 x 57 mm et une face de 49 x 50 mm : le principe étant d'usiner les plus grandes faces de référence d'abord pour une question de précision, on choisira la face de 49 mm x 57 mm. En plaçant la pièce dans l'étau, on obtient le schéma ci-dessus. Reste à savoir si l'appui plan est placé sur le mors fixe ou sur la fond d'étau : en théorie, les deux sont envisageables. En pratique, à cause du serrage, l'appui plan sera sur le mors fixe. Supposons que la pièce aie une mauvaise géométrie : entre les deux figures ci-dessous, laquelle est exacte, une fois la pièce serrée ?

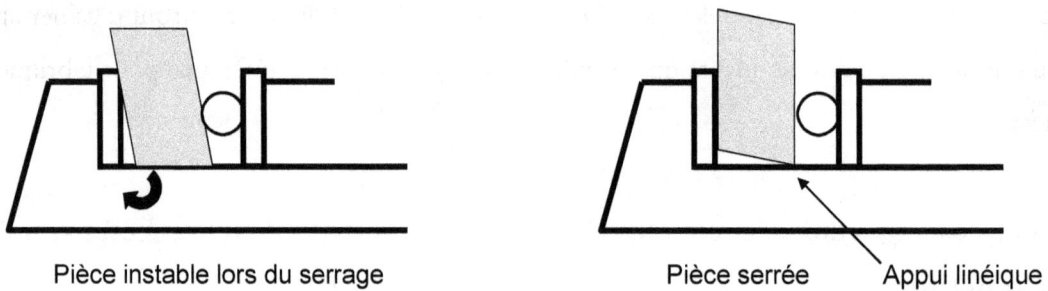

Pièce instable lors du serrage   Pièce serrée   Appui linéique

Ainsi, le serrage (le maintien en position) a une influence sur la mise en position. C'est pourquoi il apparaît sur la représentation schématique sous forme d'une flèche avec un S (S comme Serrage). La deuxième face usinée sera nécessairement perpendiculaire à la première. Techniquement, on intercale un rondin d'acier entre le mors mobile et la pièce pour améliorer le serrage.

Troisième sous phase.

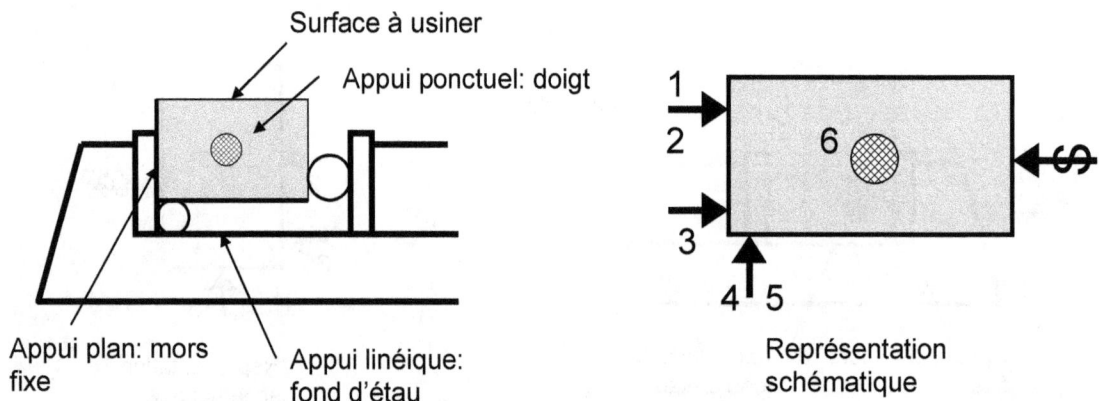

Surface à usiner
Appui ponctuel: doigt

Appui plan: mors fixe   Appui linéique: fond d'étau

Représentation schématique

En troisième sous phase, l'idée est la même qu'en deuxième sous phase mais l'appui linéique sur le fond d'étau a été amélioré : en obligeant l'appui linéique à être contre le mors fixe, on évite un

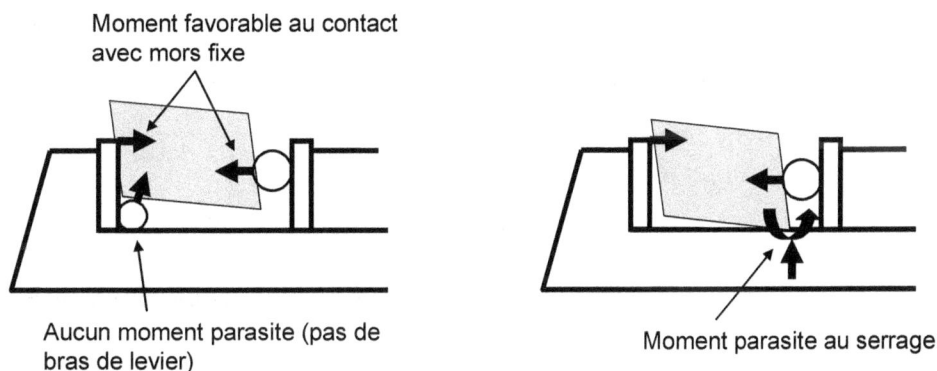

moment parasite lors du serrage (pour les besoins d'explication, le défaut de perpendicularité a été fortement exagéré sur le schéma).

La quatrième sous phase est identique à la deuxième.

La cinquième sous phase s'occupe du bout de 48 x 39 mm. Pour dresser le bout à la fraise à surfacer, il faut mettre la pièce debout, l'une des faces de 48 x 39 mm vers le haut. Une perpendicularité est assurée par une surface usinée (n'importe laquelle) contre le mors fixe, l'autre perpendicularité, pas du tout : en effet, la pièce peut tourner suivant Y.

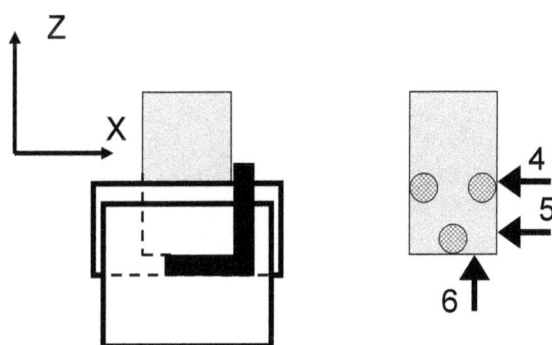

A l'aide d'une équerre placée sur le fond d'étau, nous allons assurer le positionnement. On serre légèrement la pièce dans l'étau, on l'oriente en donnant des coups de maillet jusqu'à ce que l'appui linéique sur l'équerre soit réalisé puis on serre énergiquement et enlève l'équerre. On obtient le schéma ci-dessus, sur lequel :

- le mors fixe (appui plan) enlève trois degrés de liberté Rx, Rz, Ty

- le contact de la pièce sur le fond d'étau (ou l'équerre) enlève un degré de liberté Tz.
- le contact de la pièce sur le montant de l'équerre enlève deux degrés de liberté Ry, Tx (appui linéique)

La dernière mise en position aura été faite par l'équerre ; le maintien en position par le serrage.

Attention : la règle 2 montre que si la pièce devait légèrement glisser, le positionnement que nous avons réalisé avec l'équerre serait remise en cause.

Pour la sixième sous phase qui consiste à surfacer l'autre bout de la pièce, on n'a plus besoin de l'équerre puisque l'appui contre le fond d'étau se fait sur une surface de géométrie soignée.

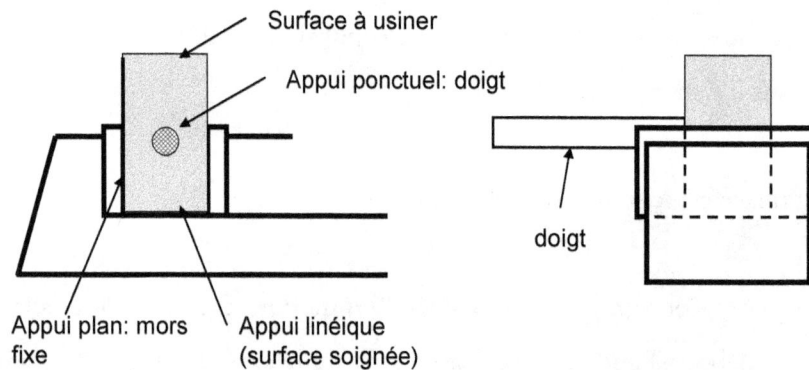

On pourrait même améliorer le montage en posant un rondin sur le fond d'étau pour être sûr que l'appui sur le fond d'étau soit un appui linéique et non un appui plan.

Instructions pour l'exercice :

- La fraise doit couvrir toute la largeur de la pièce : sinon, toute la surface ne sera pas usinée en une passe.

- La fraise doit dépasser plus derrière la pièce que devant la pièce : ainsi, elle tend à repousser la pièce en avançant (les explications détaillées sont dans le prochain chapitre).

La fraise doit dépasser plus derrière la pièce que devant la pièce

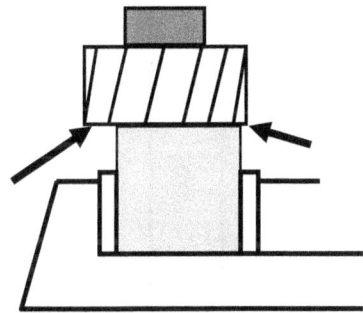

- A chaque démontage de pièce, il faut ébavurer les bords usinés à la lime : sinon, les bavures vont fausser les mises en position futures.

sous-phase n° 1

opération	désignation	schéma	outils	p mm	V m/min	N t/min	a mm/dent	A mm/min
1	surfaçage de la grande face		fraise à surfacer diamètre 63 mm, 5 dents, à plaquettes carbure R=0,8 mm	1	100	505 ou vitesse juste inférieur de la boite	0,3	750 ou vitesse juste inférieur de la boite

schéma :

Un doigt

Mors fixe

Une cale et une bille

Choisir deux cales identiques ou une cale et une bille, pas trop grandes pour que les mors serrent bien le brut, monter le brut de 50 x 50 x 57 mm dans l'étau comme sur le schéma, grande face au dessus et serrer.

Amener la fraise quelques millimètres au dessus de la pièce (voir instructions) et faire tourner la broche.

Avec la manivelle de la console (déplacement vertical) amener doucement la fraise vers la pièce jusqu'à l'effleurer: une très légère marque doit apparaître. On appelle ça tangenter la surface.

Sans bouger la manivelle, remettre le tambour à zéro (ou Z de la visu). Remonter légèrement la fraise (Z+).

En bougeant la table avec sa manivelle, écarter la fraise vers la droite de la pièce (X+): on appelle ça dégager l'outil.

Revenir à zéro avec la console puis descendre la fraise de 1 mm avec la manivelle de la console (Z-): on appelle ça prendre la passe.

Embrayer l'avance automatique de la table: l'outil avance doucement de la droite vers la pièce et enlève p=1mm. Quand la fraise est à gauche de la pièce et l'a dépassée, débrayer l'avance puis dégager l'outil vers le haut (remonter la fraise de quelques millimètres) puis vers la droite et arrêter la broche.

marque

cales

Doigt rétractable

Juste avant l'usinage

sous-phase n° 1

opération	désignation	schéma	outils	p mm	V m/min	N t/min	a mm/dent	A mm/min
1	surfaçage de la grande face		fraise à surfacer diamètre 63 mm, 5 dents, à plaquettes carbure R=0,8 mm	1	100	505 ou vitesse juste inférieur de la boite	0,3	750 ou vitesse juste inférieur de la boite

schéma :

Un doigt — Une cale et une bille — Mors fixe

Doigt rétractable — cales — marque

Juste avant l'usinage

Choisir deux cales identiques ou une cale et une bille, pas trop grandes pour que les mors serrent bien le brut, monter le brut de 50 x 50 x 57 mm dans l'étau comme sur le schéma, grande face au dessus et serrer.

Amener la fraise quelques millimètres au dessus de la pièce (voir instructions) et faire tourner la broche.

Avec la manivelle de la console (déplacement vertical) amener doucement la fraise vers la pièce jusqu'à l'effleurer: une très légère marque doit apparaître. On appelle ça tangenter la surface.

Sans bouger la manivelle, remettre le tambour à zéro (ou Z de la visu).

Remonter légèrement la fraise (Z+).

En bougeant la table avec sa manivelle, écarter la fraise vers la droite de la pièce (X+): on appelle ça dégager l'outil.

Revenir à zéro avec la console puis descendre la fraise de 1 mm avec la manivelle de la console (Z-): on appelle ça prendre la passe.

Embrayer l'avance automatique de la table: l'outil avance doucement de la droite vers la pièce et enlève p=1mm. Quand la fraise est à gauche de la pièce et l'a dépassée, débrayer l'avance puis dégager l'outil vers le haut (remonter la fraise de quelques millimètres) puis vers la droite et arrêter la broche.

sous-phase n° 2

opération	désignation	schéma	outils	p mm	V m/min	N t/min	a mm/dent	A mm/min
1	surfaçage du flanc		fraise à surfacer diamètre 63 mm, 5 dents, à plaquettes carbure R=0,8 mm	2	100	505	0,3	750

schéma:

Appui ponctuel: doigt

Appui linéique: fond d'étau

Appui plan: mors fixe

6
1 2 3 4 5

Texte opératoire:

Noter "1" au feutre sur la face obtenue. Démonter la pièce, chercher un rondin, mettre la première face usinée de la pièce contre le mors fixe, poser le rondin au bon endroit et serrer. La pièce doit dépasser des mors d'au moins 12 mm. Si ce n'est pas le cas, mettre un rondin sous la pièce.

Amener la fraise quelques millimètres au dessus de la pièce et faire tourner la broche.

Avec la manivelle de la console, venir effleurer la pièce: une très légère marque doit apparaître. C'est tangenter la surface.

Sans bouger la manivelle, remettre le tambour à zéro (ou Z de la visu).

Remonter légèrement la fraise (Z+).

En bougeant la table, écarter la fraise de la pièce (X+): on appelle ça dégager l'outil vers la droite.

Revenir à zéro avec la console puis descendre de 2 mm avec la manivelle: on appelle ça régler la passe.

Embrayer l'avance automatique de la table: l'outil avance doucement vers la pièce et enlève p = 2 mm. Quand la fraise a dépassé la pièce de l'autre côté, débrayer l'avance, puis dégager l'outil vers le haut, puis arrêter la broche.

Avec rondin pour hausser la pièce

Juste après la passe

22

sous-phase n° 2

opération	désignation	schéma	outils	p mm	V m/min	N t/min	a mm/dent	A mm/min
2 à 5	surfaçage du flanc		fraise à surfacer diamètre 63 mm, 5 dents, à plaquettes carbure R=0,8 mm	4 x 2 mm	100	505	0,3	750

Appui ponctuel: doigt
Appui plan: mors fixe
Appui linéique: fond d'étau

1 2 3 4 5 6

En bougeant la table, remettre la fraise à droite de la pièce (X+): on appelle ça dégager l'outil vers la droite.
Revenir à zéro avec la console
Descendre de 2 mm de nouveau: on appelle ça régler une nouvelle passe. Remettre le tambour à zéro puis faire tourner la broche.
Embrayer l'avance automatique de la table: l'outil avance doucement vers la pièce et enlève p = 2 mm. Quand la fraise a dépassé la pièce de l'autre côté, débrayer l'avance, puis dégager l'outil vers le haut puis arrêter la broche.

Refaire l'opération 2 encore 3 fois.

23

sous-phase n° 3

opération	désignation	schéma	outils	p mm	V m/min	N t/min	a mm/dent	A mm/min
1	surfaçage de la deuxième grande face (ébauche)		fraise à surfacer diamètre 63 mm, 5 dents, à plaquettes carbure R=0,8 mm	0,5	100	505	0,3	750

isostatisme

Démonter la pièce, mettre la première face usinée sur un rondin et la deuxième contre le mors fixe, mettre le deuxième rondin comme sur le schéma et serrer.

Amener la fraise quelques centimètres au dessus de la pièce et faire tourner la broche;

Tangenter la surface: amener doucement la fraise vers la pièce jusqu'à l'effleurer: une très légère marque doit apparaître.

Sans bouger la manivelle, remettre le tambour à zéro (ou Z de la visu).

Dégager l'outil: remonter légèrement la fraise (Z+) puis, en bougeant la table, écarter la fraise vers la droite de la pièce.

Revenir à zéro avec la console puis prendre la passe: descendre de 0,5 mm.

Embrayer l'avance automatique de la table: l'outil avance doucement vers la pièce et enlève p = 0,5 mm. Quand la fraise a dépassé la pièce de l'autre côté, débrayer l'avance puis dégager l'outil vers le haut puis arrêter la broche.

sous-phase n° 3

opération	désignation	schéma	outils	p mm	V m/min	N t/min	a mm/dent	A mm/min
2	surfaçage de la deuxième face (finition)		fraise à surfacer diamètre 63 mm, 5 dents, à plaquettes carbure R=0,8 mm	p calculée	100	505	0,3	750

Avec un pied à coulisse ou un pied de profondeur et sans démonter la pièce, mesurer l'épaisseur obtenue. La nouvelle passe est p = mesure – 48 mm

Amener la fraise à droite de la pièce avec la manivelle.

Revenir à zéro avec la console puis prendre la passe: descendre de p mm en dessous du zéro du tambour (ou de la visu).

Faire tourner la broche, embrayer l'avance automatique de la table: l'outil avance doucement vers la pièce et enlève la profondeur de passe p. Quand la fraise a dépassé la pièce de l'autre côté, débrayer l'avance puis dégager l'outil puis arrêter la broche. Prendre une nouvelle mesure: elle doit être proche de 39 et comprise entre 47,7 et 48,3 mm.

sous-phase n° 4

opération	désignation	schéma	outils	p mm	V m/min	N t/min	a mm/dent	A mm/min
1	surfaçage du deuxième flanc (ébauche)		fraise à surfacer diamètre 63 mm, 5 dents, à plaquettes carbure R=0,8 mm	0,5	100	505	0,3	750

schéma:

Appui ponctuel: doigt

Appui plan: mors fixe

Appui linéique: fond d'étau

6 1 2 3 4 5

Pièce trop petite

Démonter la pièce, mettre la deuxième face usinée sur le fond d'étau et la troisième face usinée contre le mors fixe et serrer. Si la pièce ne dépasse pas des mors (pièce trop petite), mettre une cale ou un rondin pour hausser la pièce.

Amener la fraise quelques centimètres au dessus de la pièce et faire tourner la broche;

Tangenter la surface, remettre le tambour à zéro (ou Z de la visu).

Dégager l'outil vers la droite: remonter légèrement le fraise (Z+) puis, en bougeant la table, écarter la fraise de la pièce (X+).

Revenir à zéro avec la potence puis prendre la passe: descendre de 0,5 mm.

Embrayer l'avance automatique de la table: l'outil avance doucement vers la pièce et enlève p = 0,5 mm. Quand la fraise a dépassé la pièce de l'autre côté, débrayer l'avance puis dégager l'outil vers le haut puis arrêter la broche.

sous-phase n° 4

opération	désignation	schéma	outils	p mm	V m/min	N t/min	a mm/dent	A mm/min
2	surfaçage du deuxième flanc (finition)		fraise à surfacer diamètre 63 mm, 5 dents, à plaquettes carbure R=0,8 mm	p calculée	100	505	0,3	750

Avec un pied à coulisse et sans démonter la pièce, mesurer la cote obtenue. La nouvelle passe est p = mesure – 39 mm
Amener la fraise à droite de la pièce avec la manivelle.
Revenir à zéro avec la console puis prendre la passe: descendre de p mm en dessous du zéro du tambour (ou de la visu).
Faire tourner la broche, embrayer l'avance automatique de la table: l'outil avance doucement vers la pièce et enlève la profondeur de passe p. Quand la fraise a dépassé la pièce de l'autre côté, débrayer l'avance puis dégager l'outil puis arrêter la broche.
Prendre une nouvelle mesure: elle doit être proche de 48 et comprise entre 38,7 et 39,3 mm.

sous-phase n° 5

opération	désignation	schéma	outils	p mm	V m/min	N t/min	a mm/dent	A mm/min
1	surfaçage du premier bout		fraise à surfacer diamètre 63 mm, 5 dents, à plaquettes carbure R=0,8 mm	0,5	100	505	0,3	750

Démonter la pièce et placer un bout sur le fond d'étau ou, si c'est impossible, comme sur la photo, une face usinée contre le mors fixe. Poser l'équerre sur le fond d'étau et orienter la pièce, placer un bout sur la pièce pour qu'elle devienne perpendiculaire.
Serrer et vérifier la perpendicularité.
Amener la fraise quelques centimètres au dessus de la pièce et faire tourner la broche;
Tangenter la surface, remettre le tambour à zéro (ou Z de la visu).
Dégager l'outil vers l'avant: remonter légèrement le fraise (Z+) puis, en bougeant la table, écarter la fraise de la pièce (Y-).
Revenir à zéro avec la console puis prendre la passe: descendre de 1 mm.
Embrayer l'avance automatique de la table: l'outil avance doucement vers la pièce et enlève p = 1 mm. Quand la fraise a dépassé la pièce de l'autre côté, débrayer l'avance puis dégager l'outil vers le haut puis arrêter la broche.

Placer l'équerre sur le fond d'étau   Fraisage suivant X

sous-phase n° 6

opération	désignation	schéma	outils	p mm	V m/min	N t/min	a mm/dent	A mm/min
1	surfaçage du dernier bout (ébauche)		fraise à surfacer diamètre 63 mm, 5 dents, à plaquettes carbure R=0,8 mm	1	100	505	0,3	750

Démonter la pièce, mettre le bout usiné sur le fond d'étau, une face usinée contre le mors fixe et serrer.
Amener la fraise quelques centimètres au dessus de la pièce et faire tourner la broche;
Tangenter la surface, remettre le tambour à zéro (ou Z de la visu).
Dégager l'outil: remonter légèrement le fraise (Z+) puis, en bougeant la table, écarter la fraise de la pièce (Y-).
Revenir à zéro avec la console puis prendre la passe: descendre de 0,5 mm.
Embrayer l'avance automatique de la table: l'outil avance doucement vers la pièce et enlève p = 0,5 mm. Quand la fraise a dépassé la pièce de l'autre côté, débrayer l'avance puis dégager l'outil vers le haut puis arrêter la broche.

29

sous-phase n° 6

opération	désignation	schéma	outils	p mm	V m/min	N t/min	a mm/dent	A mm/min
2	surfaçage du dernier bout (finition)	Surface à usiner Appui ponctuel: doigt doigt (non nécessaire) Appui linéique (surface soignée) Appui plan: mors fixe	fraise à surfacer diamètre 63 mm, 5 dents, à plaquettes carbure R=0,8 mm	p calculée	100	505	0,3	750

Avec un pied de profondeur et sans démonter la pièce, mesurer la longueur obtenue. La nouvelle passe est p = mesure − 55 mm
Amener la fraise à droite de la pièce avec la manivelle.
Revenir à zéro avec la console puis prendre la passe: descendre de p mm en dessous du zéro du tambour (ou de la visu).
Faire tourner la broche, embrayer l'avance automatique de la table: l'outil avance doucement vers la pièce et enlève la profondeur de passe p. Quand la fraise a dépassé la pièce de l'autre côté, débrayer l'avance puis dégager l'outil puis arrêter la broche.
Prendre une nouvelle mesure: elle doit être proche de 55 et comprise entre 54,7 et 55,3 mm.

Dans l'exercice précédent, on remarque que la fraise a laissé des traces…Nous allons étudier la trajectoire des dents de fraise et leurs conséquences sur la coupe.

4.1   Trois modes de fraisage.

Une fraise peut tailler dans la pièce de trois manières différentes :
- *de profil* en utilisant sa face latérale,
- *de face* en utilisant les arêtes perpendiculaires à l'axe de broche,
- *combinée*, c'est-à-dire de face et de profil en même temps.

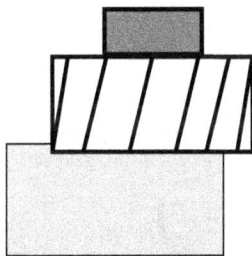

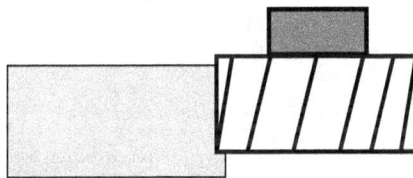

surfaçage, fraisage   fraisage de profil   fraisage combiné
de face

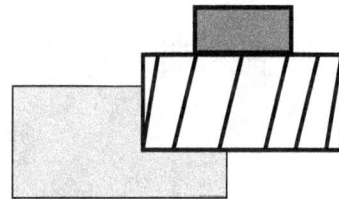

4.2   Analyse du fraisage de face

Dans l'exercice précédent, la fraise a taillé de face. Les dents ont laissé la trace de leur trajectoire sur les surfaces sous forme de rayures.

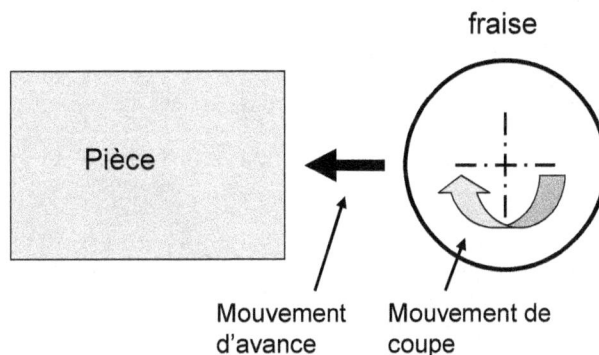

fraise

Pièce

Mouvement   Mouvement de
d'avance   coupe

La trajectoire est la somme du mouvement de coupe (une rotation qui laisserait une rayure circulaire) et du mouvement d'avance (une translation qui laisserait une rayure rectiligne). Le résultat est une cycloïde. Etudions la trajectoire de plus près :

A droite de la figure ci-dessous, la fraise tourne dans le sens des aiguilles d'une montre et avance vers la gauche. Elle est animée de deux mouvements :

- une vitesse d'avance Va qui est la même pour tous les points A, B, C ou D,
- une vitesse périphérique de rotation $Vc = \Omega \times R$ où Ω est la vitesse de rotation de la broche et R le rayon de la fraise. Vc a la même valeur sur toute la périphérie de la fraise mais pas la même direction.

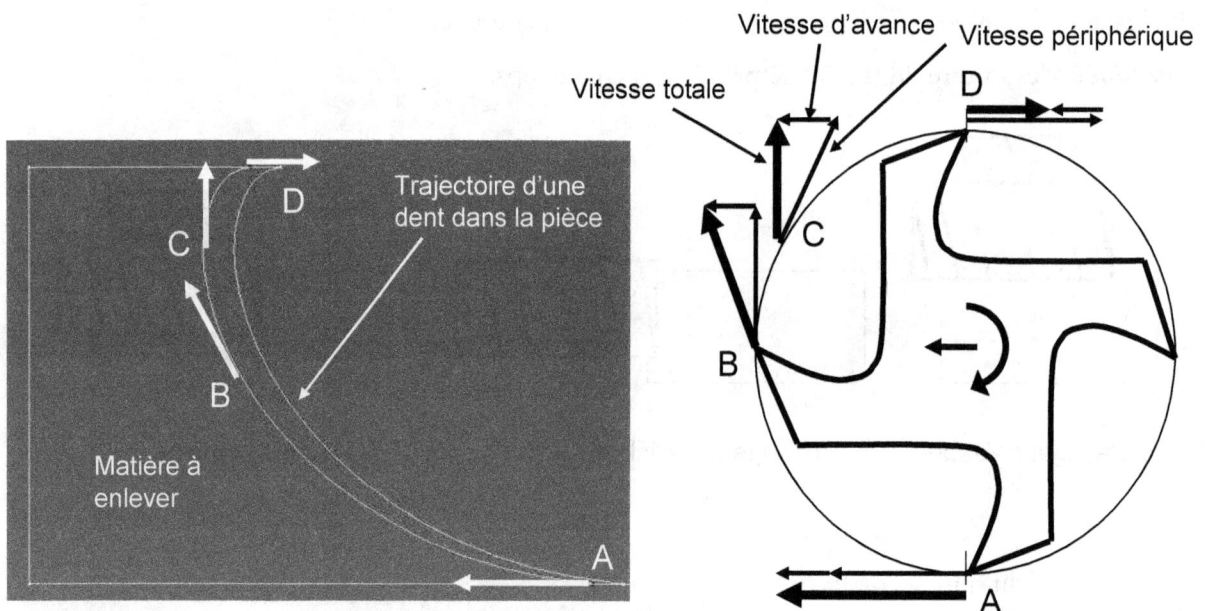

La vitesse de la dent de fraise par rapport à la pièce est la somme des deux vecteurs : la vitesse totale sur le dessin.

En A, les deux vitesses s'ajoutent puisqu'elles ont même direction et même sens. La dent pénètre la pièce rapidement et tend à la repousser. On dit que la fraise travaille *en opposition*. Comme le dessin de gauche montre les trajectoires de deux dents successives, l'épaisseur entre les deux cycloïdes blanches représente l'épaisseur du copeau. Celle-ci est nulle en A : l'outil racle mais ne coupe pas.

En B, la dent coupe un copeau plus épais. On constate que l'épaisseur du copeau augmente jusqu'au point C.

En C, la fraise tend à pousser la pièce vers le haut du dessin. De plus, l'effort est très important car l'épaisseur du copeau est maximale. Si on serre la pièce dans un étau entre les faces des points A et D, il faut un appui solide en D. On mettra le mors fixe en D et le mors mobile en A. Si l'effort de coupe va contre un serrage, ce dernier pourrait lâcher et…les dégâts sont garantis !

Règle : Il faut toujours, si possible, faire supporter les efforts de coupe par un appui fixe, pas par un appui mobile ou un serrage.

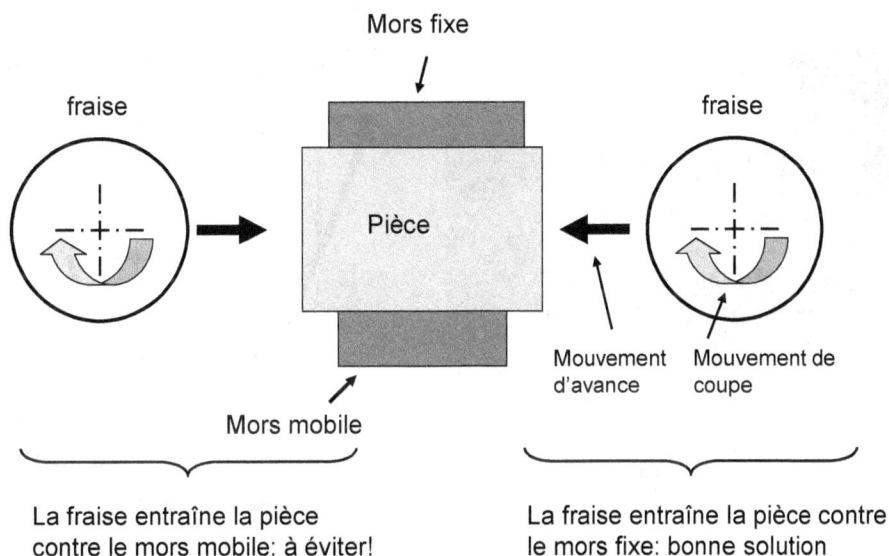

fraise

Mors fixe

Pièce

fraise

Mouvement d'avance

Mouvement de coupe

Mors mobile

La fraise entraîne la pièce contre le mors mobile: à éviter!

La fraise entraîne la pièce contre le mors fixe: bonne solution

En D, les vitesses se retranchent puisqu'elles ont même direction mais sens contraire. Le point D pénètre la pièce lentement et tend à entraîner (ou avaler) la pièce : on dit qu'on fraise **en avalant**. L'épaisseur du copeau est nulle est l'outil racle la pièce. Ce phénomène use rapidement les fraises et provoque des vibrations. Fraiser en avalant doit être évité car, s'il y a du jeu dans les organes de la fraiseuse, la fraise pourrait entraîner d'un coup sec la table de la machine et il y aura de la casse.

Règle : Il faut éviter de fraiser en avalant en fraisage conventionnel. Si une partie de la fraise travaille en opposition et l'autre en avalant (le cas courant et le cas de l'exercice précédent), il faut que la partie qui travaille en opposition soit plus grande que celle qui travaille en avalant.

4.3   Analyse du fraisage de profil

En fraisage de profil, on ne s'intéresse qu'aux points A ou D. En A, on fraise en opposition. Si on utilise le point D, on fraise en avalant.

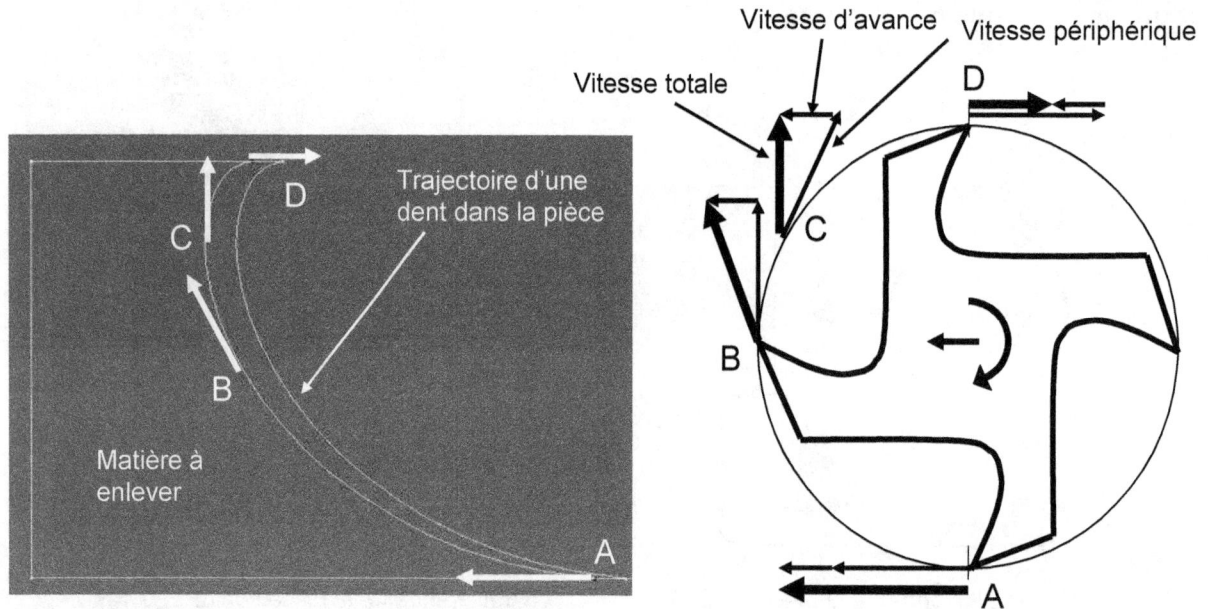

En A, les deux vitesses s'ajoutent puisqu'elles ont même direction et même sens. Par suite, la courbure de la cycloïde est faible : la surface obtenue, si elle n'est pas tout à fait plane (il restera toujours une ondulation), aura tout de même un très bon état de surface. C'est une bonne solution en fraisage de profil.

En D, les vitesses se retranchent puisqu'elles ont même direction mais sens contraire. La courbure de la cycloïde est forte d'où un état de surface moins bon qu'en A.

Le meilleur résultat en fraisage de profil sera obtenu avec le point A.

4.4   Fraisage de face ou de profil ?

Quelle est la meilleure solution si on a le choix entre les deux solutions pour usiner une surface ?

L'expérience montre que **le fraisage de face est meilleur que le fraisage de profil**. C'est pourquoi nous avons réalisé le premier exercice en fraisage de face. En effet, autour des points A ou D, l'épaisseur du copeau est nulle. La dent de fraise frotte la pièce au lieu de la couper. Les vibrations qui s'ensuivent se traduisent par des défauts géométriques et d'état de surface.

Dans cet exercice, nous allons fabriquer la glissière, premier composant de la cale réglable ci-contre. Le dessin de la glissière est proposé page suivante. Un travail de fabrication comporte toujours quatre étapes :

- l'analyse et la discussion du dessin,
- l'établissement de la gamme de fabrication,
- la fabrication proprement dite,
- le contrôle.

Nous allons respecter cet ordre.

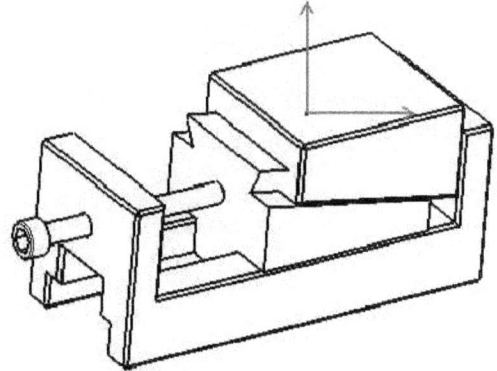

5.1   L'analyse / discussion du dessin.

Le dessin technique est un document très important : il définit ce que souhaite le client et, en cas de contestation, est une preuve juridique. Il faut donc bien comprendre tout ce qu'il y a sur un dessin et ne pas hésiter à discuter des détails avec le client si nécessaire. Cela évitera les ennuis ultérieurement.

Dans le cartouche, la matière S235 est indiquée : il s'agit d'un acier courant, d'usinage facile et qui est commercialisé en tôles et profilés de toutes formes. C'est une bonne nouvelle car il existe des barres carrées de 50 mm de côté dans le commerce, dont nous scierons un bout un peu plus long que la pièce (disons 125 mm) pour obtenir le brut. Une fois le brut scié, il faudra usiner un parallélépipède de 120 mm de long et de 48 mm de côté. Enfin, nous usinerons les détails.

Il apparaît aussi une tolérance générale ISO 2768 mK. Comme il est impossible d'obtenir des cotes parfaites, toutes les cotes du dessin doivent avoir un intervalle de tolérance. Les tolérances sont parfois indiquées sur le dessin. C'est le cas de 20H8. Si elles ne le sont pas, c'est la tolérance générale qui compte. Par exemple, la cote de 48 mm n'a pas de tolérance particulière : c'est donc la tolérance générale qui compte. Les tolérances de la norme ISO 2768, même en qualité fine, sont faciles à obtenir en fraisage : elles ne poseront donc pas de problème.

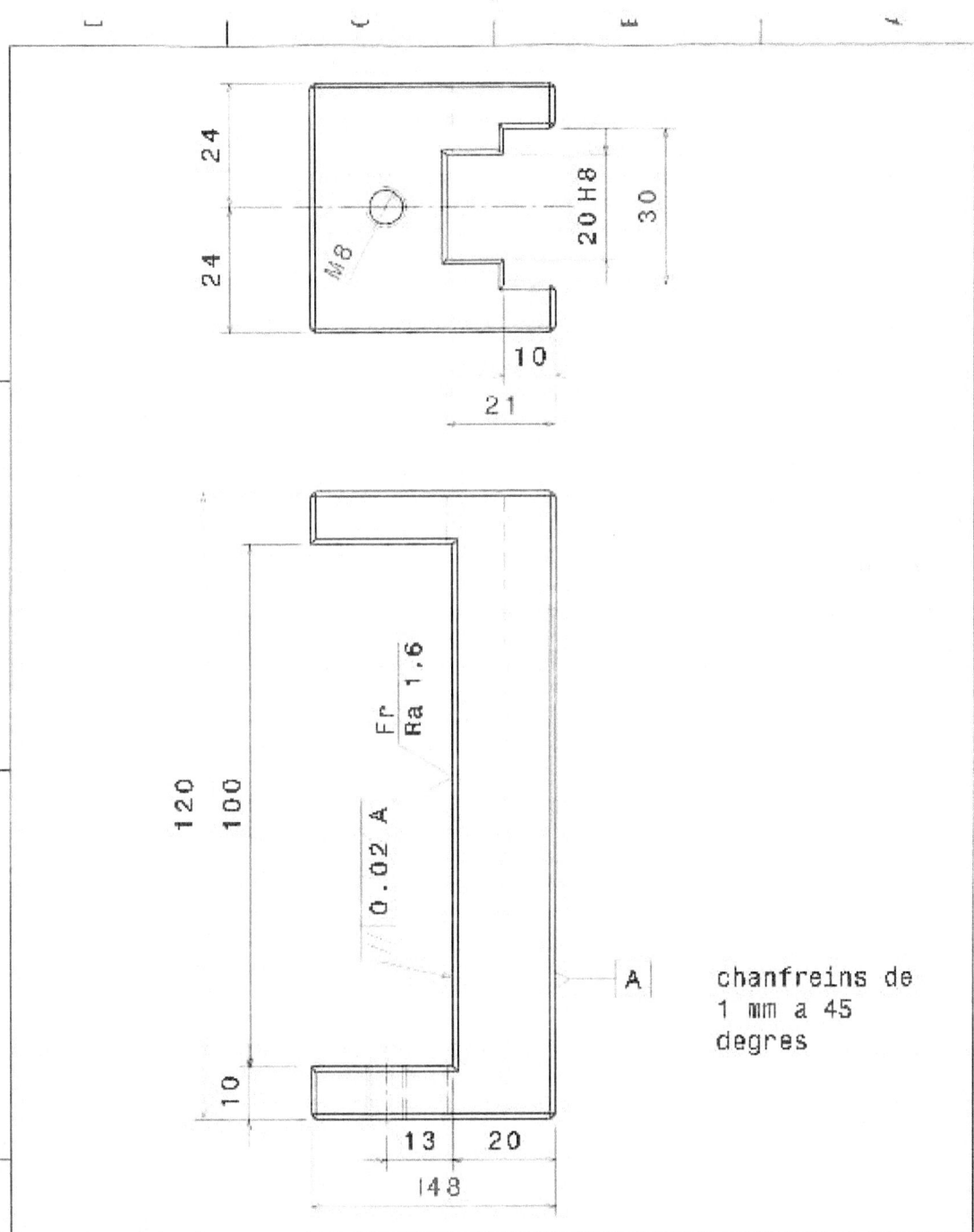

24

24

M8

20 H8

30

10

21

120

100

Fr.
Ra 1,6

0,02 A

A

chanfreins de
1 mm a 45
degres

10

13   20

148

Exercice de fraisage		Glissiere		
DESSINE PAR	DATE			
Y.Bauswein	2017			
VERIFIE PAR	DATE	Tolerance generale		
		A4	ISO 2768 mK	
VERIFIE PAR	DATE			
		Echelle 1:1	Matiere	S 235

Cherchons la tolérance de la cote de 48 mm dans le tableau page suivante. Nous cherchons une tolérance dimensionnelle ; la cote de 48 mm est une dimension linéaire ; la classe de précision est « m » (ISO 2768-mK) ; la dimension est comprise entre 30 et 120 mm ; le résultat est ±0,3 mm.

Il y a aussi une racine carrée sur le banc de la glissière : rassurez-vous, il ne s'agit pas d'un professeur de maths qui se serait égaré dans un atelier (je n'en ai jamais vu) : c'est le symbole d'état de surface utilisé par l'industrie (norme ISO 1302). « Fr » indique que l'état de surface est obtenu par fraisage, « Ra 1,6 » indique que la rugosité arithmétique doit être inférieure ou égale à 1,6 μm. Ceci n'est faisable qu'en finition.

Il y a également un trou « M8 » : « 8 » est le diamètre nominal du trou en mm et « M » indique que ce trou est taraudé : on pourra donc y insérer une vis de 8 mm de diamètre.

Enfin, il existe une tolérance de parallélisme entre le banc de la glissière et la face notée « A ». La face A est appelée *face de référence*. Elle servira de référence pour mesurer le parallélisme du banc de glissière. Le banc de glissière, lui, est la *surface de mesure* et comporte un rectangle avec le symbole du parallélisme, une tolérance de 0,02 mm et le nom de la face de référence.

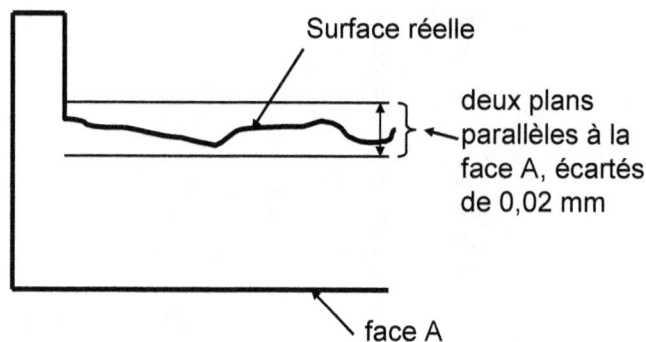

Cela signifie que le plan de glissement réel devra se situer entre deux plans distants de 0,02 mm et parallèles à la face A.

5.2   La gamme de fabrication

La production de la pièce comporte trois phases :
- une phase de sciage, où l'on scie dans une barre carrée d'acier S235 de 50 mm de côté un barreau de 125 mm
- une phase de fraisage,

Norme ISO 2768: tolérances générales

La norme ISO 2768 est une norme internationale spécifiant les tolérances générales des pièces mécaniques concernant les tolérances dimensionnelles et géométriques. Les tolérances dimensionnelles et angulaires sont indiquées par une lettre minuscule f, m, c, v qui définit la classe de précision désirée par le client. Les tolérances géométriques sont indiquées par une lettre majuscule H, K, L qui définit la classe de précision souhaitée.

Tolérances dimensionnelles en mm

classe de précision	Dimension linéaire					Angle cassé (chanfrein ou rayon)			Dimension angulaire (côté le plus court)			
	>0,5 à 3 inclus	>3 à 6	>6 à 30	>30 à 120	>120 à 400	>0,5 à 3 inclus	>3 à 6	>6	≤10	>10 à 50 inclus	>50 à 120	>120 à 400
f (fin)	± 0,05	± 0,05	± 0,1	± 0,15	± 0,2	± 0,2	± 0,5	± 1	± 1°	± 30'	± 20'	± 10'
m (moyen)	± 0,1	± 0,1	± 0,2	± 0,3	± 0,5	± 0,2	± 0,5	± 1	± 1°	± 30'	± 20'	± 10'
c (large)	± 0,2	± 0,3	± 0,5	± 0,8	± 1,2	± 0,4	± 1	± 2	± 1°30'	± 1°	± 30'	± 15'
v (très large)	—	± 0,5	± 1	± 1,5	± 2,5	± 0,4	± 1	± 2	± 3°	± 2°	± 1°	± 30'

Tolérances géométriques mm

classe de précision	Rectitude - Planéité					Perpendicularité			Symétrie			Battement
	≤10	>10 à 30 inclus	>30 à 100	>100 à 300	>300 à 1000	≤100	>100 à 300	>300 à 1000	≤100	>100 à 300	>300 à 1000	—
H (fin)	0,02	0,06	0,1	0,2	0,3	0,2	0,3	0,4	0,5	0,5	0,5	0,1
K (moyen)	0,05	0,1	0,2	0,4	0,6	0,4	0,6	0,8	0,6	0,6	0,8	0,2
L (large)	0,1	0,2	0,4	0,8	1,2	0,6	1	1,5	0,6	1	1,5	0,5

- une phase de perçage (trou taraudé 10)

- une phase de contrôle, où l'on vérifie si toutes les conditions du dessin sont respectées : contrôle visuel, métrologie etc.

Pour les besoins du livre, nous n'étudierons que la phase fraisage.

Chronologie des opérations.

Il faut d'abord ébaucher le parallélépipède : pour les six premières sous phases, nous utiliserons la méthode du chapitre 2. L'ordre des sous phases est donc :

- sous phase 1 : surfaçage 1

- sous phase 2 : surfaçage 9

- sous phase 3 : surfaçage 3

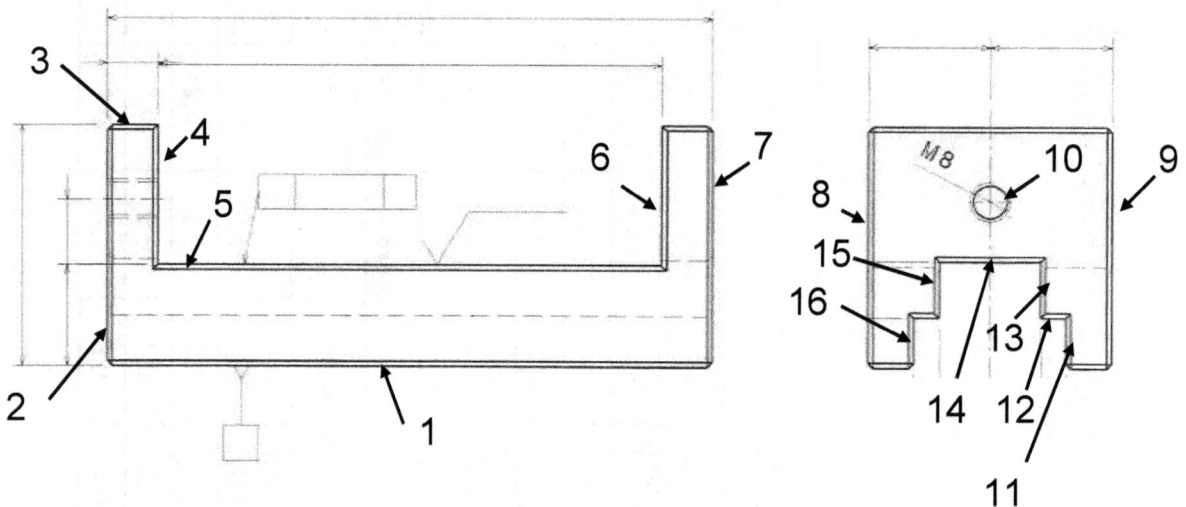

- sous phase 4 : surfaçage 8

- sous phase 5 : surfaçage 2

- sous phase 6 : surfaçage 7

Ensuite, l'usinage des faces 4, 5 et 6 est possible :

- sous phase 7 : fraisage 4, 5, 6.

Enfin, l'usinage des rainures est possible :

- sous phase 8 : rainurage 11, 12 et 16 (première rainure) puis 13, 14, 15.

Les sous phases 1 à 6 doivent être faites dans l'ordre : sinon, on ne peut plus réaliser les surfaçages correctement. Par contre, les sous phases 7 et 8 peuvent être interverties sans problème (absence de chronologie).

5.3   Outils et opérations

Une fraiseuse est une machine très polyvalente : elle permet de scier, percer, de rainurer, d'aléser et même… de fraiser ! La fiche technique page suivante donne un aperçu des principaux outils et de leurs usages.

FICHE TECHNIQUE: OUTILS ET OPERATIONS	
Outils	caractéristiques
	La scie est un outil à une taille en acier rapide d'une épaisseur de trait inférieure à 5 mm. L'intérêt de scier à la fraiseuse est de profiter du positionnement très précis que permet la machine et d'éviter une phase supplémentaire.
	La fraise-disque est un outil à trois tailles en acier rapide à denture alternée. Elle permet d'usiner des rainures d'une épaisseur de trait comprise entre 10 et 25 mm. L'intérêt de cet outil est d'en monter plusieurs sur la broche et d'usiner plusieurs rainures simultanément.
	La fraise-module est un outil à trois tailles en acier rapide. Elle permet de fraiser les dents de pignons dont le module est celui de la fraise. L'intérêt de cet outil est de pouvoir utiliser une fraiseuse comme machine à tailler les dentures.
	Les mêmes forets peuvent être utilisés en perçage, en tournage ou en fraisage: seule la douille intermédiaire change. La photo montre une douille intermédiaire dont l'intérieur est adapté au foret (cône morse) et l'extérieur est adapté à la broche (cône standard américain SA40). L'intérêt de percer à la fraiseuse est de limiter les démontages de pièce.

Outils	caractéristiques
	Les forets de petit diamètre ont une queue cylindrique. Ils sont montés dans un mandrin à queue conique, lui-même monté dans une douille intermédiaire du même type que précédemment.
	Les fraises « tourteau » à plaquettes carbure rapportées sont utilisées pour le surfaçage de grandes dimensions.
	Les fraises à défoncer sont des outils à deux tailles à profil « brise-copeaux ». Elles servent en ébauche car leur profil permet un gros débit de copeaux avec un effort de coupe réduit. La photo de gauche montre deux fraises à modes de fixation différents: - à trou lisse et entraînement par tenons; - à trou taraudé. La photo de droite montre une fraise et son emmanchement SA40.
	Les fraises cylindriques sont des outils à deux tailles. Elles servent en finition en fraisage de face, de profil et combiné. Il existe une grande quantité de dimensions différentes sur le marché, selon qu'elles servent plus de face ou de profil. La fraise sur la photo de droite est plus adaptée à l'usinage de profil.

Outils	caractéristiques
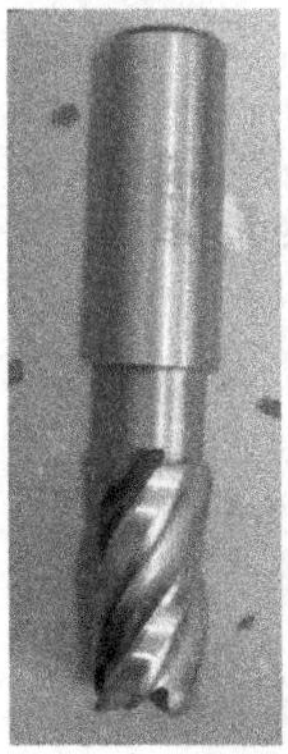  	Les fraises à rainurer sont des outils à deux tailles à queue cylindrique en acier rapide. Elles comportent généralement entre 2 et 4 dents. Elles servent en rainurage et en contournage. Elles se montent sur la broche par le biais d'un mandrin à pince (photo ci-contre).
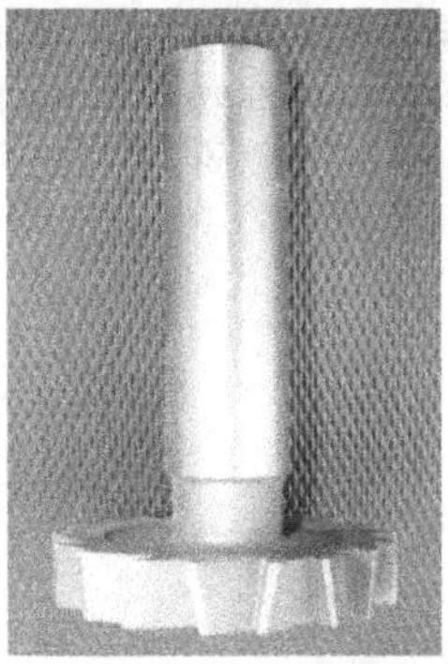	Ces fraises à 3 tailles sont utilisées, suivant leurs dimensions, pour les rainures en T et les logements de clavette. Elles se montent sur la broche par le biais d'un mandrin à pince.
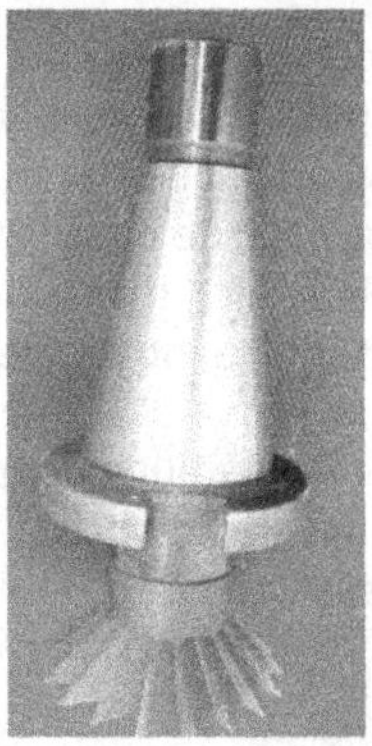	Les fraises de forme, comme cette fraise conique à 45° (photo ci-contre), sont utilisées en fraisage de profil. D'arêtes fragiles, elles nécessitent des paramètres de coupe peu « agressifs ».

sous-phase n° 1

opération	désignation	schéma	outils	p mm	V m/min	N t/min	a mm/dent	A mm/min
1	surfaçage de la grande face		fraise à surfacer diamètre 63 mm, 5 dents, à plaquettes carbure Rayon de bec 0,8 mm	1	100	505	0,3	757

sous-phase n° 2

opération	désignation	schéma	outils	p mm	V m/min	N t/min	a mm/dent	A mm/min
1	surfaçage du flanc		fraise à surfacer diamètre 63 mm, 5 dents, à plaquettes carbure Rayon de bec 0,8 mm	1	120	606	0,2	606

sous-phase n° 3

opération	désignation	schéma	outils	p mm	V m/min	N t/min	a mm/dent	A mm/min
1	surfaçage de la deuxième grande face (ébauche)		fraise à surfacer diamètre 63 mm, 5 dents, à plaquettes carbure Rayon de bec 0,8 mm	0,5	100	505	0,3	757
2	surfaçage de la deuxième grande face (finition)	Cote de 48 ± 0,3 mm à respecter	fraise à surfacer diamètre 63 mm, 5 dents, à plaquettes carbure Rayon de bec 0,8 mm	p calculée	100	505	0,3	757

sous-phase n° 4

opération	désignation	schéma	outils	p mm	V m/min	N t/min	a mm/dent	A mm/min
1	surfaçage du deuxième flanc (ébauche)	 Appui ponctuel: doigt Appui linéique: fond d'étau Appui plan: mors fixe	fraise à surfacer diamètre 63 mm, 5 dents, à plaquettes carbure Rayon de bec 0,8 mm	0,5	100	505	0,3	757
2	surfaçage du deuxième flanc (finition)	Cote de 48 ± 0,3 mm à respecter	fraise à surfacer diamètre 63 mm, 5 dents, à plaquettes carbure Rayon de bec 0,8 mm	p calculée	100	505	0,3	757

sous-phase n° 5

opération	désignation	schéma	outils	p mm	V m/min	N t/min	a mm/dent	A mm/min
1	dressage du bout, fraisage de profil		fraise cylindrique 2 tailles Ø 32 mm, hauteur de denture 53 mm, 5 dents	pX=2 mm	25	248	0,1	124

Placer la pièce sur le fond d'étau, serrer: la pièce doit dépasser légèrement à droite de l'étau, pour permettre l'usinage du bout.
Régler vitesse de broche et avance. Faire tourner la broche.
Venir tangenter le bout de la pièce, remettre le tambour de table à zéro (X=0) et dégager la fraise vers l'avant (vers vous).
Régler la passe en X (utiliser la manivelle de table), lancer l'arrosage, embrayer l'avance automatique Y+: la fraise usine le bout de la pièce.
Lorsque la fraise est de l'autre côté, débrayer l'avance automatique, arrêter l'arrosage et dégager la fraise vers l'avant (déplacer légèrement la fraise vers la droite puis vers vous pour la mettre à l'avant de la pièce).
Arrêter la broche.

sous-phase n° 6

opération	désignation	schéma	outils	p mm	V m/min	N t/min	a mm/dent	A mm/min
1	dressage du bout, fraisage de profil		fraise cylindrique 2 tailles Ø 32 mm, hauteur de denture 53 mm, 5 dents	pX=2 mm	25	248	0,1	124

Retourner la pièce pour usiner l'autre bout. Faire tourner la broche.
Venir tangenter le bout de la pièce, remettre le tambour de table à zéro (X=0) et dégager la fraise vers l'avant (vers vous).
Prendre la passe en X (utiliser la manivelle de table), lancer l'arrosage, embrayer l'avance automatique Y+: la fraise usine le bout de la pièce.
Lorsque la fraise est de l'autre côté, débrayer l'avance automatique, arrêter l'arrosage et dégager la fraise vers l'avant (déplacer légèrement la fraise vers la droite puis vers vous pour la mettre à l'avant de la pièce).
Arrêter la broche.
Mesurer la longueur au pied à coulisse. La prochaine profondeur de passe pX sera égale à cote mesurée - 120.

49

sous-phase n° 6

opération	désignation	schéma	outils	p mm	V m/min	N t/min	a mm/dent	A mm/min
2	dressage du bout, fraisage de profil		fraise à surfacer diamètre 63 mm, 5 dents, à plaquettes carbure	pX calculée	25	248	0,1	124

Faire tourner la broche, revenir à X=0 et régler la passe.
Embrayer l'avance automatique et lancer l'arrosage.
Quand la fraise est derrière la pièce, débrayer l'avance, arrêter l'arrosage puis dégager l'outil vers l'avant.
Arrêter la broche. Contrôler la cote obtenue.

5.4 Le travail d'ébauche.

Pour usiner 4, 5, 6, il faut enlever beaucoup de matière : ce sera l'occasion d'utiliser une fraise à défoncer ou fraise d'ébauche (et non pas fraise de débauche, comme l'auteur a déjà lu !). Cette fraise a un profil de denture ondulé qui crée moins d'efforts : du coup, on peut augmenter les profondeurs de passe et la productivité.

Profondeur de passe en Z : nous pouvons régler une grande profondeur de passe en Z (selon l'axe de la fraise) car on profite du profil ondulé.

Profondeur de passe en Y (selon le rayon de fraise) : Si vous avez le choix de la longueur de fraise, prenez la plus courte : il y aura moins de bras de levier et vous pourrez régler une grande profondeur de passe en Y (plus de productivité).

Résumons : le mieux est d'utiliser la plus grande profondeur de passe en Z avec la fraise la plus courte : en gros, l'idéal serait que la longueur de fraise soit égale à la profondeur de passe.

De plus, le meilleur spécialiste de votre fraise d'ébauche, c'est… le fabricant ! Les tableaux de paramètres de coupe proposés plus loin dans ce livre, qui vous permettront de calculer les paramètres de coupe, ne sont pas valables pour les fraises d'ébauche. Vous pouvez les appliquer, mais vous utiliserez votre fraise d'ébauche comme une fraise classique. C'est dommage d'avoir une voiture de course et de rouler à une vitesse de tracteur.

Enfin, il faut faire attention à la puissance consommée : dans l'exercice, la profondeur de passe en Z est de 13,5 mm qui convient à toutes les fraiseuses du marché. C'est pour cela que nous faisons deux passes de 13,5 mm pour enlever 27 mm en tout. Avec une machine puissante, une passe de pZ = 27 mm serait possible.

Pour une fraise d'ébauche diamètre 32 mm, 5 dents, en ARS, série courte, à queue conique et de l'acier doux à usiner, l'auteur utilise les valeurs conservatrices suivantes :

Vc = 20 m/min   N = 199 t/min   A = 120 mm/min   pZ = 13,5 mm (on enlève 27 mm en deux passes en réservant 1 mm pour la finition)

pY = 32 mm

Ca promet du spectacle !

sous-phase n°7

opération	désignation	schéma	outils	p mm	V m/min	N t/min	a mm/dent	A mm/min
1	défonçage		fraise d'ébauche deux tailles, cylindrique, queue cône morse, diamètre 32, série courte, 5 dents	deux passes à pZ = 13,5 mm	20	200	0,12	120

Monter la pièce sur deux cales (schéma) et vérifier que la pièce dépasse d'au moins 30 mm des mors (et pas plus de 35 mm à cause du serrage). Serrer énergiquement.
Monter la fraise dans la broche, régler les paramètres de coupe.
Positionner la fraise au dessus de la face 3 et, à l'aide d'un réglet, la positionner à 12 mm environ du bout 7 (voir photo). les 12 mm correspondent à l'épaisseur d'une oreille de la pièce (10 mm) plus la surépaisseur de finition.
Faire tourner la broche, venir tangenter la surface 3 et remettre le tambour de console à zéro. Dégager la fraise vers l'avant (= vers vous)
Régler la profondeur de passe pZ = 13,5 mm, lancer l'arrosage, embrayer l'avance automatique en Y. La fraise défonce la pièce. (que l'arrosage parte en fumée à cause de la chaleur est normal)
Quand la fraise est derrière la pièce, débrayer l'avance, arrêter l'arrosage puis dégager l'outil vers l'avant.
Refaire une deuxième passe puis arrêter la broche.

sous-phase n° 7

opération	désignation	schéma	outils	p mm	V m/min	N t/min	a mm/dent	A mm/min
2	défonçage		fraise d'ébauche deux tailles, cylindrique, queue cône morse, diamètre 32, 5 dents	pZ = 13,5 mm	20	200	0,12	120

Déplacer la fraise de 30 mm vers la gauche, régler la profondeur de passe pZ.
Faire tourner la broche, lancer l'arrosage, embrayer l'avance automatique en Y. La fraise défonce la pièce.
Quand la fraise est derrière la pièce, débrayer l'avance, arrêter l'arrosage puis dégager l'outil vers l'avant.
Refaire une deuxième passe de 13,5 mm puis arrêter la broche.

| 3 | défonçage | | comme précédemment |

Déplacer la fraise de 30 mm vers la gauche, refaire l'opération précédente.
Arrêter la broche.

sous-phase n° 7

opération	désignation	schéma	outils	p mm	V m/min	N t/min	a mm/dent	A mm/min
4	défonçage		fraise d'ébauche deux tailles, cylindrique, queue cône morse, diamètre 32, 5 dents	pZ = 27 mm	20	200	0,12	120

Mesurer l'épaisseur de l'oreille gauche, calculer le déplacement D de la fraise D = mesure - 12 mm. Déplacer la fraise de D mm vers la gauche, régler une profondeur de passe pZ = 27 mm
Freiner la table avec les vis de blocage de table
Faire tourner la broche, lancer l'arrosage, embrayer l'avance automatique en Y.
Quand la fraise est derrière la pièce, débrayer l'avance, arrêter l'arrosage et la broche. Deserrer les vis de blocage de table

NB. Le freinage est nécessaire car, comme la fraise ne travaille plus que sur une moitié de son diamètre, elle a tendance à "avaler" la table (l'entraîner vers la droite). Si la table a beaucoup de jeu, cela peut donner un très gros coup.

Vis de freinage de table

54

sous-phase n° 7

opération	désignation	schéma	outils	p mm	V m/min	N t/min	a mm/dent	A mm/min
5	finition des faces 4, 5 et 6		fraise cylindrique deux tailles diamètre 63 mm, 8 dents, en ARS	pZ et pY calculées	32	160	0,1	>128

Monter la fraise dans la broche.

Régler les vitesses de broche et d'avance, amener la fraise quelques millimètres au dessus de la pièce et faire tourner la broche.

Venir tangenter la surface 5 puis remettre le tambour de console à zéro (ou Z de la visu). Venir tangenter la surface 4 et remettre le tambour de table à zéro.

Dégager la fraise vers l'avant. Arrêter la broche.

Mesurer la profondeur de l'entaille (elle doit être de 28 mm une fois finie).

Calculer pZ = 28 - mesure.

Revenir à zéro en Z puis régler la profondeur de passe pZ.

Mesurer l'épaisseur de l'oreille au pied à coulisse: la profondeur de passe pX sera: pX = mesure - 10 mm. Régler la profondeur de passe pX.

Faire tourner la broche, lancer l'arrosage, embrayer l'avance automatique Y+ de la table: l'outil finit la face 4.

Quand la fraise est à l'arrière de la pièce, débrayer l'avance, arrêter l'arrosage puis arrêtez la broche.

sous-phase n° 7

opération	désignation	schéma	outils	p mm	V m/min	N t/min	a mm/dent	A mm/min
6	finition des faces 4, 5 et 6		fraise cylindrique deux tailles diamètre 63 mm, 8 dents, en ARS	même pZ qu' avant, pX = 1 mm	32	160	0,1	>128

Faire tourner la broche. Remonter légèrement la broche.
Venir tangenter la surface 6 puis remettre le tambour de table à zéro.
Dégager la fraise vers l'arrière.
Régler en Z la même profondeur de passe qu'avant. Régler en X une profondeur de passe de 1 mm.
Lancer l'arrosage, embrayer l'avance automatique Y- de la table: l'outil usine la face 6 en venant vers vous.
Quand la fraise est à l'avant de la pièce, débrayer l'avance, arrêter l'arrosage puis dégager l'outil vers l'arrière.

| 7 | idem | | comme précédemment | | | | | |

Mesurer la largeur de l'entaille au pied à coulisse (une fois finie, elle sera de 100 mm): la profondeur de passe pX sera: pX = 100 - mesure. Régler la profondeur de passe pX. Régler en Z la même profondeur qu'avant.
Faire tourner la broche, lancer l'arrosage, embrayer l'avance automatique de la table: l'outil finit la face 6.
Quand la fraise est à l'avant de la pièce, débrayer l'avance, arrêter l'arrosage puis arrêtez la broche. Contrôler la cote obtenue.

5.5 Le rattrapage du jeu.

La figure ci-dessous montre deux positions de la fraise :

- lorsque le fraiseur tangente pour mettre le tambour de chariot à zéro (le fraiseur définit une origine des mesures)
- lorsque la fraise usine la surface 11.

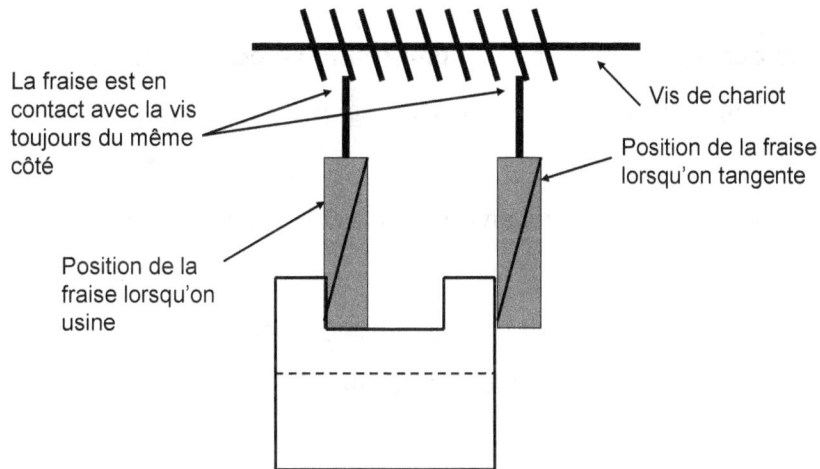

La fraise est en contact avec la vis toujours du même côté

Position de la fraise lorsqu'on usine

Vis de chariot

Position de la fraise lorsqu'on tangente

La fraise est toujours en contact avec la vis du même côté. Par suite, la mesure est précise : ce sera un certain nombre de tours de manivelle fois le pas de vis. La cote obtenue sera précise.

La figure suivante montre deux positions de la fraise :

- lorsque le fraiseur tangente pour mettre le tambour de chariot à zéro (le fraiseur définit une origine des mesures)
- lorsque la fraise usine la surface 16.

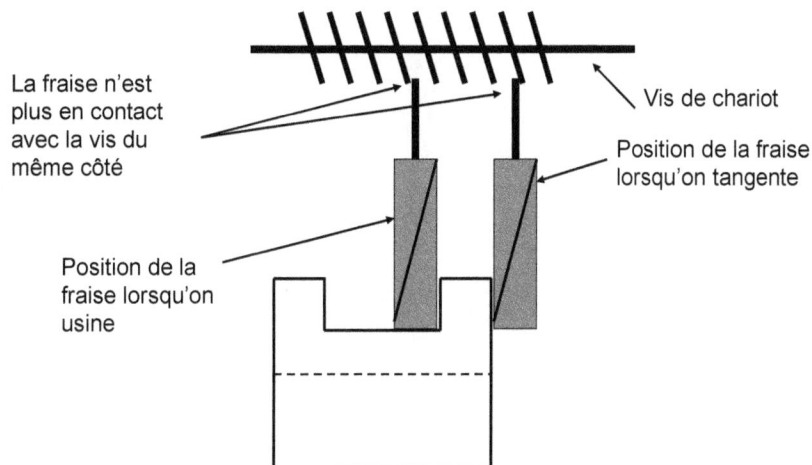

La fraise n'est plus en contact avec la vis du même côté

Position de la fraise lorsqu'on usine

Vis de chariot

Position de la fraise lorsqu'on tangente

La fraise n'est plus en contact avec le même côté de la vis. Par suite, la mesure ne peut plus être précise : il y aura une erreur due au jeu (qui augmente avec l'usure de la machine) entre la vis et l'écrou.

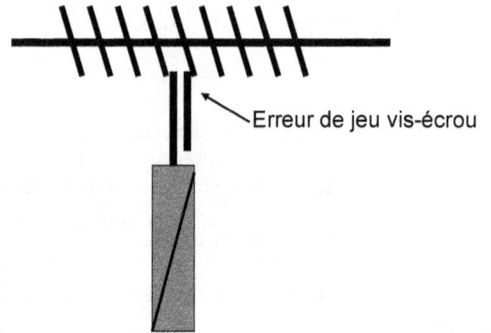

Erreur de jeu vis-écrou

Règle de rattrapage du jeu :
Lorsque vous faites des réglages de cotes, il faut toujours terminer le réglage en tournant la manivelle du même sens que lorsque vous avez tangenté.

Remarque : Si vous avancez (tournez la manivelle vers la droite) pour tangenter la pièce, vous pouvez après avancer, puis reculer et avancer pour reculer à nouveau et finir en avançant pour régler votre cote : Peu importe ce que vous faites entre temps, le réglage sera juste car vous avez *terminé* votre réglage en tournant la manivelle dans le même sens qu'au début.

sous-phase n° 8

opération	désignation	schéma	outils	p mm	V m/min	N t/min	a mm/dent	A mm/min
1 à 3	rainurage, surfaces 11 et 12, ébauche		fraise cylindrique deux tailles diamètre 16 mm 2 dents en ARS	trois passes de 3 mm	19	378	0,15	113

Monter la pièce sur le fond d'étau en la laissant légèrement dépasser à droite (ça servira aux mesures). Monter la fraise et régler vitesse et avance. Faire tourner la broche.
Venir tangenter les faces 1 et 8 et remettre les tambours à zéro.
Dégager la fraise vers la droite.
Déplacer la fraise de 38 mm en Y+ et régler une passe pZ = 3 mm.
Lancer l'arrosage, embrayer l'avance automatique X-
Lorsque la passe est terminée, débrayer l'avance automatique, arrêter l'arrosage et dégager la fraise vers la droite. Arrêter la broche.

Reprendre deux autres passes en enlevant chaque fois 3 mm.
A la fin de la dernière passe (vous devez avoir enlevé 9 mm en tout), dégager la fraise vers la gauche.
Arrêter la broche.

sous-phase n° 8

opération	désignation	schéma	outils	p mm	V m/min	N t/min	a mm/dent	A mm/min
4	rainurage, surfaces 11 et 12, finition		fraise cylindrique deux tailles diamètre 16 mm 2 dents en ARS	pY et pZ calculées	22	437	0,05	>44

Mesurer au pied à coulisse l'épaisseur entre les surfaces 11 et 9. La cote moyenne devant être de 9 mm (48 -30)/2, la nouvelle profondeur de passe pY sera pY = cote mesurée - 9

Mesurer la profondeur au pied de profondeur: la nouvelle profondeur de passe pZ sera: pZ = 10 - cote mesurée

Régler les profondeurs de passe pY et pZ.

Régler les boites de vitesses avec les conditions de coupe de finition, faire tourner la broche, lancer l'arrosage, embrayer l'avance automatique X+.

La fraise travaille en opposition.

Lorsque la passe est terminée, débrayer l'avance automatique, arrêter l'arrosage et dégager la fraise vers la droite. Arrêter la broche.

Mesurer les cotes réelles obtenues. Elles doivent vérifier: 9 ± 0,1 et 10 ± 0,2 mm.

60

sous-phase n° 8

opération	désignation	schéma	outils	p mm	V m/min	N t/min	a mm/dent	A mm/min
5 à 7	rainurage, surfaces 12 et 16, ébauche		fraise cylindrique deux tailles diamètre 16 mm 2 dents en ARS	trois passes de 3 mm	19	378	0,15	113

Régler vitesse et avance (ébauche).

La rainure ayant 30 mm de large, il faut faire une ébauche de 29 mm et réserver le dernier millimètre pour la finition. Comme la fraise a taillé sur environ 17 mm de large, déplacer la fraise en Y- de 12 mm.

Le jeu n'étant pas rattrappé, la cote est imprécise => remettre le tambour du chariot à zéro.

En Z, revenir à zéro, puis prendre une passe pZ = 3 mm. Le jeu étant rattrappé, il n'y a pas besoin de remettre le tambour à zéro.

Faire tourner la broche.

Lancer l'arrosage, embrayer l'avance automatique X-

Lorsque la passe est terminée, débrayer l'avance automatique, arrêter l'arrosage et dégager la fraise vers la droite. Arrêter la broche.

Reprendre deux autres passes (comme les opérations 2 et 3).

A la fin, dégager la fraise vers la droite et arrêter la broche.

61

sous-phase n° 8

opération	désignation	schéma	outils	p mm	V m/min	N t/min	a mm/dent	A mm/min
8	rainurage, surfaces 12 et 16, finition		fraise cylindrique deux tailles diamètre 16 mm 2 dents en ARS	pY et pZ calculées	22	437	0,05	>44

Mesurer au pied à coulisse la largeur de rainure entre les surfaces 11 et 16. La cote moyenne devant être de 30 mm, la nouvelle profondeur de passe pY sera pY = 30 - cote mesurée

Mesurer la profondeur au pied de profondeur: la nouvelle profondeur de passe pZ sera: pZ = 10 - cote mesurée

Régler les profondeurs de passe pY et pZ.

Régler les boites de vitesses avec les conditions de coupe de finition, faire tourner la broche, lancer l'arrosage, embrayer l'avance automatique X-

Lorsque la passe est terminée, débrayer l'avance automatique, arrêter l'arrosage et dégager la fraise vers la droite. Arrêter la broche.

Mesurer les cotes réelles obtenues. Elles doivent vérifier: 30 ± 0,2 et 10 ± 0,2 mm.

sous-phase n° 8

opération	désignation	schéma	outils	p mm	V m/min	N t/min	a mm/dent	A mm/min
9 à 11	rainurage, surfaces 13 et 14, ébauche		fraise cylindrique deux tailles diamètre 16 mm 2 dents en ARS	trois passes de 3 mm	19	378	0,15	113

Régler vitesse et avance (ébauche).
Déplacer la fraise "au centre" de la pièce: déplacer la fraise de 7 mm en Y+ et régler une passe pZ = 3 mm.
Faire tourner la broche, lancer l'arrosage, embrayer l'avance automatique X-
Lorsque la passe est terminée, débrayer l'avance automatique, arrêter l'arrosage et dégager la fraise vers la droite. Arrêter la broche.
Reprendre deux autres passes en enlevant 3 mm chaque fois.
A la fin, dégager la fraise vers la gauche. Arrêter la broche.

sous-phase n° 8

opération	désignation	schéma	outils	p mm	V m/min	N t/min	a mm/dent	A mm/min
12	rainurage, surfaces 13 et 14, semi-finition		fraise cylindrique deux tailles diamètre 16 mm 2 dents en ARS	pY et pZ calculées	22	437	0,05	>44

Mesurer au pied à coulisse la cote entre les surfaces 13 et 9. La cote doit être de 14 mm; il faut réserver 0,5 mm pour la finition; la nouvelle profondeur de passe sera pY = cote mesurée - 14,5 mm
Mesurer la cote de 21 mm au pied de profondeur; il faut réserver 0,5 mm pour la finition; la nouvelle profondeur de passe pZ sera: pZ = 20,5 - cote mesurée.
Régler les profondeurs de passe pY et pZ. Mettre les deux tambours à zéro.
Régler les boites de vitesses avec les conditions de coupe de finition, faire tourner la broche, lancer l'arrosage, embrayer l'avance automatique X+
Lorsque la passe est terminée, débrayer l'avance automatique, arrêter l'arrosage et dégager la fraise vers la gauche. Arrêter la broche.

sous-phase n° 8

opération	désignation	schéma	outils	p mm	V m/min	N t/min	a mm/dent	A mm/min
13	rainurage, surfaces 13 et 14, finition		fraise cylindrique deux tailles diamètre 16 mm 2 dents en ARS	pY et pZ calculées	22	437	0,05	>44

Mesurer au pied à coulisse la cote entre les surfaces 13 et 9. Régler la nouvelle profondeur de passe pY = cote mesurée - 14 mm (il n'y a pas de tolérance précise de symétrie à respecter)
Mesurer la cote de 21 mm au pied de profondeur. Régler la nouvelle profondeur de passe pZ sera: pZ = 21 - cote mesurée. Remettre le tambour de potence à zéro.
Faire tourner la broche, lancer l'arrosage, embrayer l'avance automatique X+
Lorsque la passe est terminée, débrayer l'avance automatique, arrêter l'arrosage et dégager la fraise vers la droite. Arrêter la broche.

65

sous-phase n° 8

opération	désignation	schéma	outils	p mm	V m/min	N t/min	a mm/dent	A mm/min
14 et 15	rainurage, surfaces 15 et 14, ébauche en fraisage de profil		fraise cylindrique deux tailles diamètre 16 mm 2 dents en ARS	pY = 1 mm	19	378	0,15	113

Déplacer la fraise de 3 mm en Y -. 2 mm ont déjà été enlevés, la passe réelle ne sera que de 1 mm.
Déplacer la fraise en Z = 0 (même hauteur que la finition précédente)
Faire tourner la broche, lancer l'arrosage, embrayer l'avance automatique X-
Lorsque la passe est terminée, débrayer l'avance automatique, arrêter l'arrosage et dégager la fraise vers la droite.

Arrêter la broche.
Mesurer la cote de 20H8 au palmer.

sous-phase n° 8

opération	désignation	schéma	outils	p mm	V m/min	N t/min	a mm/dent	A mm/min
15	finition de la surface 15 en fraisage de profil		fraise cylindrique deux tailles diamètre 16 mm 2 dents en ARS	pY calculée	22	437	0,05	>44

La cote moyenne de 20H8 est de (20 + 20,033)/2 = 20,016 mm.
Généralement, on a plus de chance de réaliser une cote bonne en réglant la machine au milieu de la tolérance (cote moyenne).
La nouvelle profondeur de passe pY sera pY = 20,016 - cote mesurée.
Régler la profondeur de passe pY.
Remarque: la profondeur de passe sera forcément arrondie car votre fraiseuse n'accepte pas les réglages au micron. On aperçoit ici les limites de machine. Une passe de 0,516 devient 0,52 mm.
Faire tourner la broche, lancer l'arrosage, embrayer l'avance automatique X-
Lorsque la passe est terminée, débrayer l'avance automatique, arrêter l'arrosage et arrêter la broche.
Mesurez la cote de 20H8. Il n'est pas certain de l'obtenir du premier coup en initiation mais ce n'est pas très grave.

67

6.1   Les vitesses de coupe

Le schéma ci-contre permet de déterminer les vitesses de coupe :

Ebauche ou finition ? (voir 6.1.1)

Type de travail ? (voir 6.1.2)

Matière d'outil ? (voir 6.1.3)

Matière d'œuvre ? (voir 6.1.4)

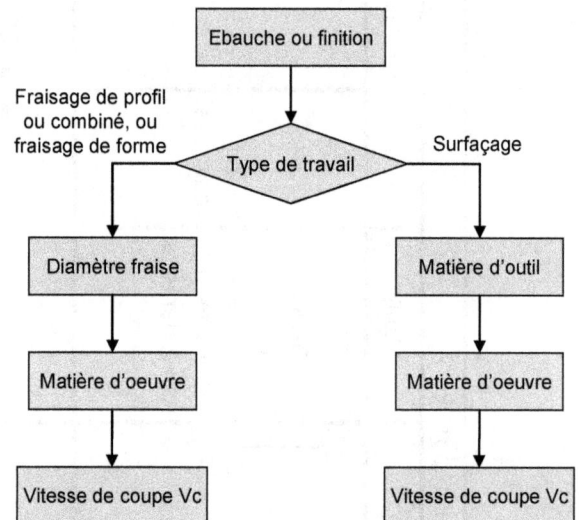

6.1.1   Ebauche ou finition

En ébauche, le critère de productivité est le débit volume : on veut enlever de la matière le plus vite possible, l'état de surface n'ayant pas d'importance.

En finition, le critère de productivité est le débit surface : on veut parcourir la surface le plus vite possible, tout en garantissant parfois un état de surface précis.

6.1.2   Type de travail.

On entend par surfaçage un fraisage effectué avec le bout de la fraise. : la surface obtenue est perpendiculaire à l'axe de l'outil.

Le fraisage de profil se fait, comme son nom l'indique, avec le profil cylindrique de la fraise : la surface obtenue est parallèle à l'axe de l'outil.

Le fraisage combiné utilise simultanément le profil et la face de la fraise : la surface obtenue est un épaulement.

Le fraisage de forme est un fraisage de profil imprimant une forme particulière à la pièce : on obtient une surface quelconque en forme et position : queue d'aronde, denture…

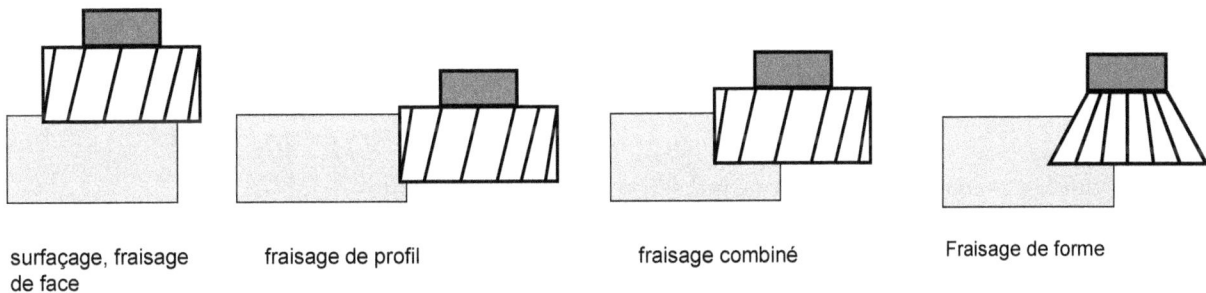

surfaçage, fraisage de face   fraisage de profil   fraisage combiné   Fraisage de forme

6.1.3   La matière d'outil.

L'acier rapide (AR = Acier Rapide ; ARS = Acier Rapide Supérieur ou encore HSS en anglais, pour High Speed Steel) a été inventé au tournant du vingtième siècle. Auparavant, on utilisait des aciers au carbone comme pour la coutellerie mais ils s'usaient très vite (couper l'acier n'est pas aussi facile que couper le saucisson, même sec…). De plus, l'usinage était très lent pour ne pas surchauffer l'outil : au-delà de 300°C, l'acier au carbone perd l'effet de trempe qui donne sa dureté et devient mou. Aujourd'hui, ces aciers sont encore utilisés pour les limes ou les burins des tailleurs de pierre (pas d'échauffement).

L'acier rapide est très nettement supérieur à l'acier au carbone à cause des éléments d'addition : tungstène (W), chrome (Cr), vanadium (Va), cobalt (Co). Ceux-ci permettent de conserver l'effet de trempe jusqu'à 550°C et d'usiner beaucoup plus vite que l'acier au carbone, d'où leur nom d'acier rapide. Cependant, les machines outils étant puissantes, si on usine avec de l'acier rapide, il faut refroidir l'outil par arrosage.

Les carbures métalliques sont un mélange de carbures de tungstène et de titane essentiellement, frittés dans une matrice de cobalt par la métallurgie des poudres. On obtient ainsi des plaquettes carbure qui sont rapportées sur des corps d'outil en acier de construction. L'ensemble est une fraise à plaquettes carbure. Les plaquettes carbure ont des caractéristiques très supérieures à l'acier rapide, notamment parce qu'elles supportent des températures beaucoup plus élevées, permettant d'utiliser des vitesses de coupe très grandes.

6.1.4   La matière d'œuvre.

La matière d'œuvre est la matière de la pièce à usiner. La vitesse de coupe dépend de la composition métallurgique de la pièce ainsi que de son procédé d'élaboration (fonderie, forgeage, laminage…) et de ses traitements ultérieurs (traitements thermiques, chimiques…)

6.1.5 Quelques valeurs de vitesses de coupe

Pour les exercices du livre, nous utiliserons les valeurs suivantes :

En ébauche :

	Ebauche					
	surfaçage		fraisage de profil ou combiné		fraisage de forme	
	matière d'outil		diamètre de fraise		diamètre de fraise	
	ARS	carbure	< 20 mm	>= 20 mm	< 20 mm	>= 20 mm
acier S235	29	100	19	25	11	15
acier 35CD4	20	80	16	18	10	11
laiton CuZn30	72	130	41	72	25	43
bronze CuSn12	23	60	18	30	11	18
aluminium AlCu4Mg	150	500	95	240	57	144
inoxydable X30Cr13	18	72	16	24	10	14

En finition :

	Finition					
	surfaçage		fraisage de profil ou combiné		fraisage de forme	
	matière d'outil		diamètre de fraise		diamètre de fraise	
	ARS	carbure	< 20 mm	>= 20 mm	< 20 mm	>= 20 mm
acier S235	40	120	22	32	13	19
acier 35CD4	25	90	20	24	12	14
laiton CuZn30	95	180	46	90	28	54
bronze CuSn12	31	82	22	35	13	21
aluminium AlCu4Mg	190	800	105	270	63	162
inoxydable X30Cr13	22	92	18	28	11	17

6.2 La profondeur de passe p

En ébauche, la profondeur de passe doit être la plus grande possible (productivité) mais inférieure à une limite liée à la résistance de l'outil.

En finition, la profondeur de passe doit être supérieure au copeau minimum (valeur en dessous de laquelle l'outil ne coupe plus).

L'auteur utilise les valeurs suivantes :

	profondeur de passe (mm)				
	surfaçage		de profil ou combiné		de forme
	ARS	carbure	Ø fraise < 20 mm	Ø fraise >= 20 mm	
ébauche	<= 2 mm	<= 4 × rayon du bec	<= 3 mm	<= 3 mm	<= 2 mm
finition	> 0,05	> rayon du bec et > 0,15 mm	> 0,05	> 0,05	> 0,05

Tableau 1

Le rayon du bec est spécifié sur toutes les plaquettes carbure et prend généralement les valeurs 0,1 mm, 0,2 mm, 0,4 mm, 0,8 mm, 1,2 mm, 1,6 mm.

Plus le rayon du bec est grand, plus l'outil est solide et peut enlever de la matière.

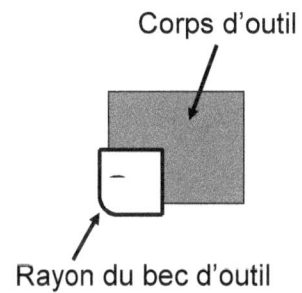

Corps d'outil

Rayon du bec d'outil

6.2   L'avance par dent f

En ébauche, l'avance par dent doit être grande (productivité) mais inférieure à une limite liée à l'outil.
En finition, l'avance est limitée par le copeau minimum. L'auteur utilise le tableau ci-dessous :

	avance par dent f (mm/dent)				
	surfaçage		de profil ou combiné		de forme
	ARS	carbure	Ø fraise < 20 mm	Ø fraise >= 20 mm	
ébauche	0,1< f < 0,2	<= 0,4 × rayon du bec	0,1	0,1	0,1
finition	>= 0,05	>= 0,2 × rayon du bec	>= 0,05	>= 0,08	>= 0,08

Tableau 2

Si, en plus, un état de surface précis est exigé en finition, on utilise le tableau 3 ci-dessous :

⟨△⟩	(R)	Rugosité Ra en fonction de l'avance par dent et du rayon de bec d'outil					
		0,4	1,6	3,2	6,3	8	32
rayon d'outil	diamètre	avance f en mm/tour					
0.2		0.05	0.08	0.13			
0.4		0.07	0.11	0.17	0.22		
0.8		0.10	0.15	0.24	0.30	0.38	
1.2			0.19	0.29	0.37	0.47	
1.6				0.34	0.43	0.54	1.08
2.4				0.42	0.53	0.66	1.32
	6	0.20	0.31	0.49	0.62		
	8	0.23	0.36	0.56	0.72		
	10	0.25	0.40	0.63	0.8	1	
	12		0.44	0.69	0.88	1.1	
	16		0.51	0.8	1.01	1.26	2.54
	20		0.89	1.13	1.42		2.94
	25				1.26	1.58	3.33

Tableau 3

Il indique que, pour avoir une rugosité maximale de 1,6 µm en surfaçage finition, les combinaisons suivantes existent :

Rayon 0,2 mm et f = 0,08 mm/dent

Rayon 0,4 mm et f = 0,11 mm/dent

Rayon 0,8 mm et f = 0,15 mm/dent

Rayon 1,2 mm et f = 0,19 mm/dent

Cependant, le tableau 2 impose une avance au moins égale à 0,2 × rayon du bec d'outil : par suite, seules les deux dernières combinaisons sont bonnes :

Rayon 0,8 mm et f = 0,15 mm/dent

Rayon 1,2 mm et f = 0,19 mm/dent

6.4   Exemples

6.4.1   Premier exercice : surfaçage

Au premier exercice, nous faisons du travail d'ébauche, de surfaçage, avec outil carbure. La matière est un acier doux (S235). On lit Vc = 100 m/min.

La profondeur de passe doit être inférieure à $4 \times 0,8$ mm = 3,2 mm.

Le rayon des plaquettes est de 0,8 mm : l'avance par dent doit être inférieure à $0,4 \times 0,8$ mm = 0,32 mm.

Le choix de Vc = 100 m/min => N = 100 x 1000 /($\pi \times 63$) = 505 t/min

Toute profondeur de passe inférieure ou égale à 3 mm convient.

L'avance de 0,3 mm/dent convient.

Il faut ensuite adapter les chiffres théoriques à la machine : Sur celle de l'auteur, la vitesse immédiatement inférieure est de 430 t/min, ce qui donne une avance de 645 mm/min.

En ébauche, le réflexe doit être de prendre l'avance machine immédiatement inférieure à la valeur théorique.

Sur la machine de l'auteur (choix entre 560 et 750 mm/min) le choix « réflexe » sera 560 mm/min.

6.4.2   Deuxième exemple : exercice glissière, sous phase 7 opération 6.

C'est un travail de finition, en fraisage combiné, avec fraise Ø 63 mm, sur une pièce en S235. On lit Vc = 32 m/min. Comme le diamètre de fraise est de 63 mm, on obtient N = 161 t/min. En finition, on peut choisir une avance par dent f = 0,1 mm/dent (>= 0,05), d'où une avance de 161 t/min $\times$ 8 dents/tour $\times$ 0,1 mm/dent = 129 mm/min.

Il faut ensuite adapter les chiffres théoriques à la machine : Sur celle de l'auteur, la vitesse immédiatement inférieure est de 160 t/min, ce qui donne une avance de 128 mm/min.

En finition, le réflexe doit être de prendre l'avance machine immédiatement supérieure pour éviter de tomber sous la valeur du copeau minimum.

Sur la machine de l'auteur (choix entre 155 et 120 mm/min) le choix « réflexe » sera 155 mm/min. Cependant, il est possible d'utiliser 120 mm/min à condition de recalculer l'avance par dent réelle : 120/ (8×160) = 0,09 mm/dent et de vérifier que celle-ci est supérieure au copeau minimum (0,05 mm).

L'exercice proposé permet de fabriquer le coin inférieur de la cale réglable.

7.1   Analyse / discussion du dessin.

Sur le dessin, il apparaît une pente 10/55. Le chiffre 10/55 signifie que la surface en pente descend de 10 mm lorsque l'on se déplace de 55 mm vers la droite : la tangente de l'angle est donc 10/55. Cela donne un angle de 10,34 °.

Quelle en est la tolérance ? Comme la tolérance n'est pas notée sur le dessin, c'est la tolérance générale qui compte : il faut utiliser le tableau de la norme ISO 2768. Pour le côté le plus court, il faut choisir entre le côté adjacent et l'hypoténuse : c'est le côté adjacent de 55 mm qui est retenu par la norme. En classe de précision m, on obtient ± 20' (minutes d'angle). Comme il y a 60 minutes dans un degré, la tolérance est aussi ±0,33°. L'angle devra donc être compris entre 10,01 et 10,67°.

Le tenon prismatique doit être symétrique par rapport aux faces 6 et 12. Sur l'une des faces 6 et 12, on peut remarquer la lettre A dans un carré. Cela signifie que ces deux faces (ou, plus précisément, leur axe médian) serviront de référence et que cette référence s'appelle A. Sur la ligne de cote de 20g7 qui définit la largeur du tenon prismatique, on peut remarquer une tolérance de symétrie,

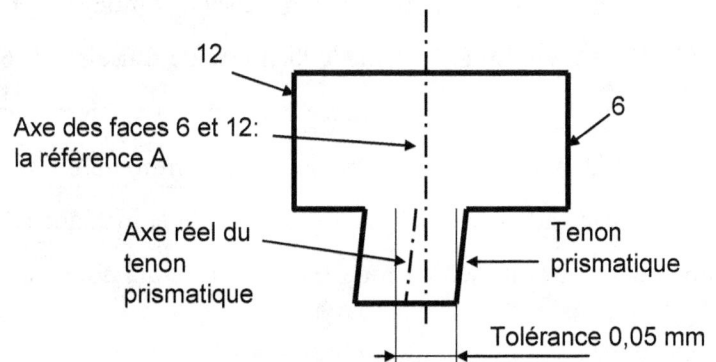

une tolérance de 0,05 mm et de nouveau la lettre A. Cela signifie que la symétrie du tenon sera mesurée par rapport aux faces 6 et 12. Le plan médian réel du tenon prismatique devra se situer dans un espace de largeur 0,05 mm centré sur le plan médian des faces 6 et 12.

La liaison glissière en queue d'aronde existant entre les coins inférieur et supérieur est composée d'une mortaise (partie femelle) dans le coin supérieur et d'un tenon (partie mâle) dans la partie inférieure.

La glissière doit respecter des conditions :

* des conditions de géométrie :

    - la partie mâle (tenon) et la partie femelle (mortaise) doivent avoir le même angle (ici, 60°).

    - les deux parties doivent avoir la même taille

    (cote de 38 mm)

* des conditions de jeu :

    - le jeu « a » permet d'être sûr de la surface de glissement : Une valeur minimale positive du jeu est indispensable ; il n'existe pas de condition de jeu maximal.

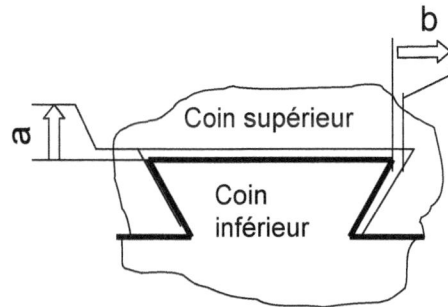

    - le jeu « b » permet un guidage précis. Si le jeu est trop petit, l'assemblage coincera en fonctionnement ; s'il est trop grand, le guidage ne sera plus assez précis. Il existe donc une condition de jeu minimal et une condition de jeu maximal.

* des conditions d'état de surface : les surfaces de glissement doivent être suffisamment lisses pour que ça fonctionne correctement.

7.2   La gamme de fabrication.

7.2.1   Etude des phases

Nous avons déjà usiné le parallélépipède au chapitre 3. Il servira de pièce brute pour cet exercice. Toute la pièce pourra être réalisée avec une seule machine : une fraiseuse. Cependant, on pourrait choisir de réaliser les trous 14 et 15 en perçage, après le fraisage : dans ce cas, il y aurait deux phases : une phase fraisage puis une phase perçage. Pratiquement, il est intéressant d'utiliser la positionnement de la pièce dans l'étau de fraiseuse pour percer : ajouter une phase de perçage serait ici une perte de temps. On appelle **_phase_** l'ensemble des opérations qui peuvent être réalisées sur une même machine.

Compte tenu de la géométrie de la pièce, il ne sera pas possible de tout fraiser en une fois : la partie de la pièce qui est serrée dans l'étau de la fraiseuse ne peut pas être usinée. Il faudra donc démonter la pièce de temps en temps. On appelle **_sous phase_** l'ensemble des opérations réalisées sans démonter la pièce. Il y aura donc plusieurs sous phases. Toutes les surfaces qui sont usinées dans une même sous phase sont appelées **_surfaces associées_**. Usiner des surfaces sans démonter la

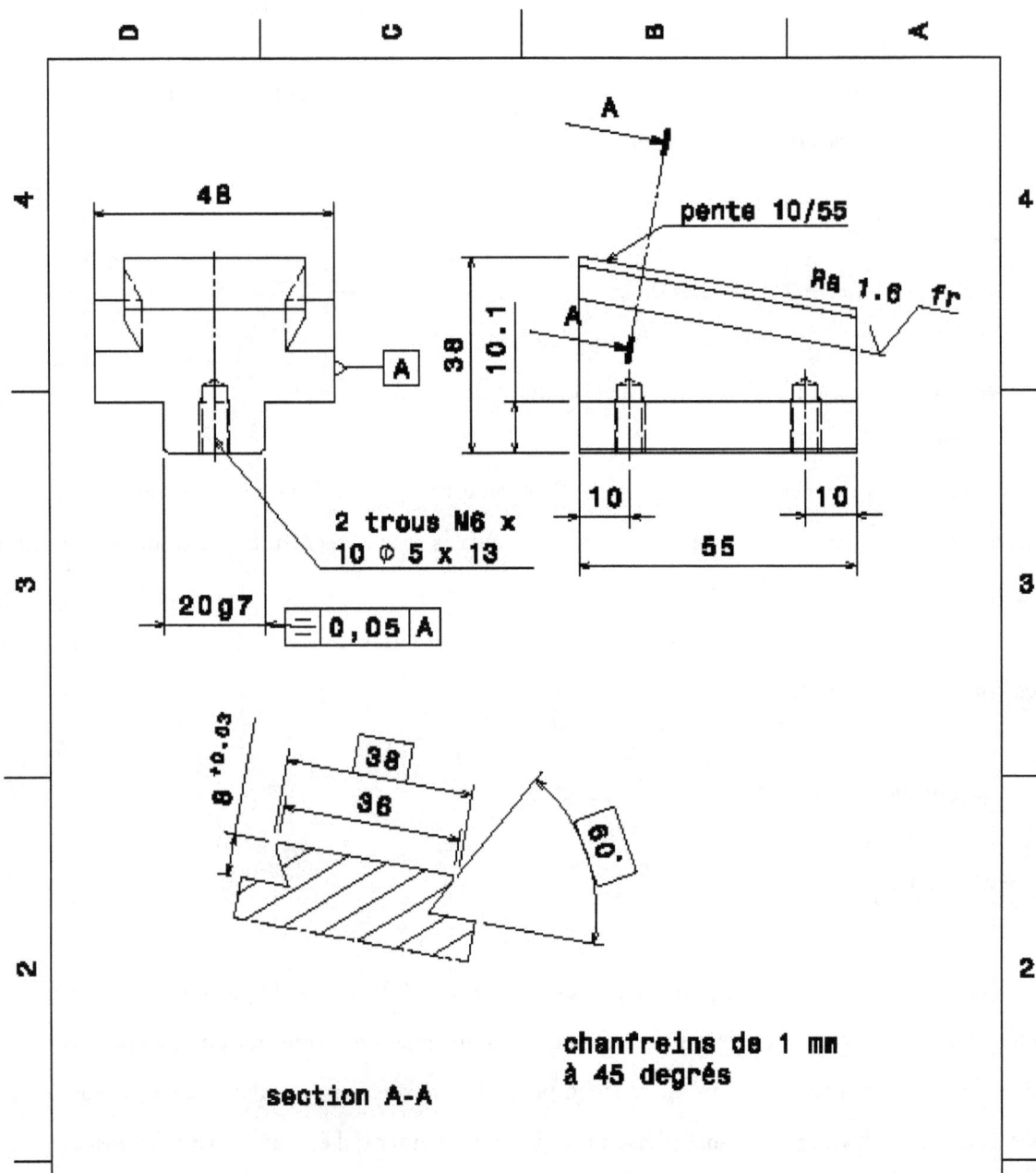

48

38

10.1

A

pente 10/55

Ra 1.6 fr

A

2 trous M6 x
10 ⌀ 5 x 13

20g7   ⊟ 0,05 A

10   10

55

$8^{+0.03}$

38

36

60°

section A-A

chanfreins de 1 mm
à 45 degrés

Dessiné par:

Y.Bauswein

Date:

21/12/2017

A4

coin inférieur

IUT DE METZ

Echelle:

1:1

Tolérance générale:

ISO 2768 mK

Matière:

S235

pièce (dans une même sous phase) est un avantage : dès qu'on démonte la pièce, on ajoute une erreur. **Lors d'une fabrication, il faut donc éviter de démonter la pièce autant que possible**.

Enfin, sans démonter la pièce, il faudra parfois arrêter la broche entre deux usinages (pour changer d'outil par exemple). On appelle *opération* un travail entre deux arrêts de broche. Le schéma est donc le suivant :

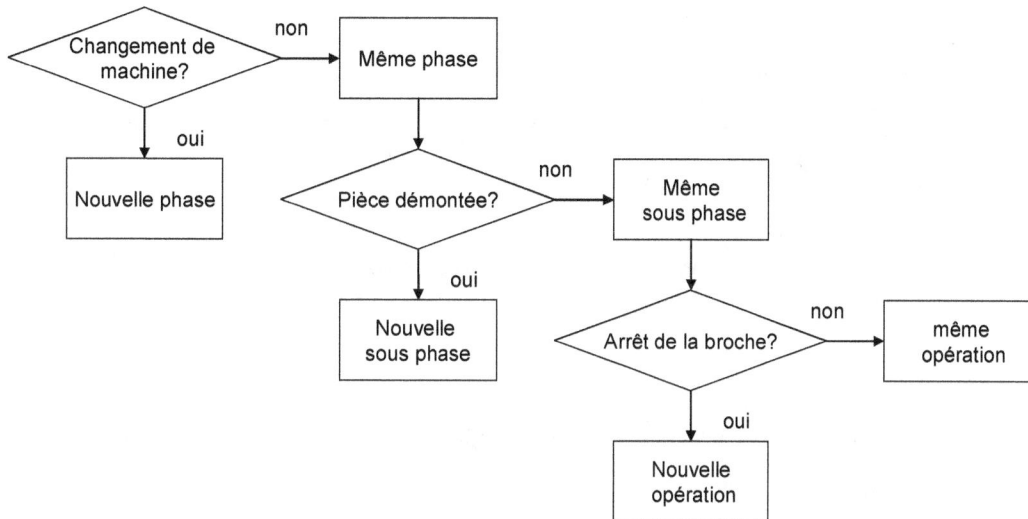

7.2.2   Etude des sous phases

Pour étudier les différentes sous phases de fraisage à prévoir, nous allons utiliser la méthode de la fiche technique page suivante.

Numérotation des surfaces.

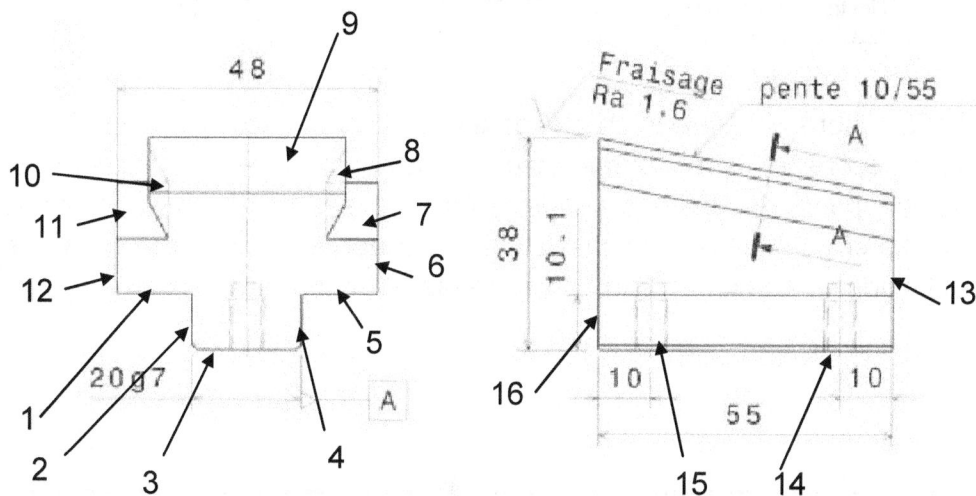

FICHE TECHNIQUE/ ETUDE DES SOUS-PHASES

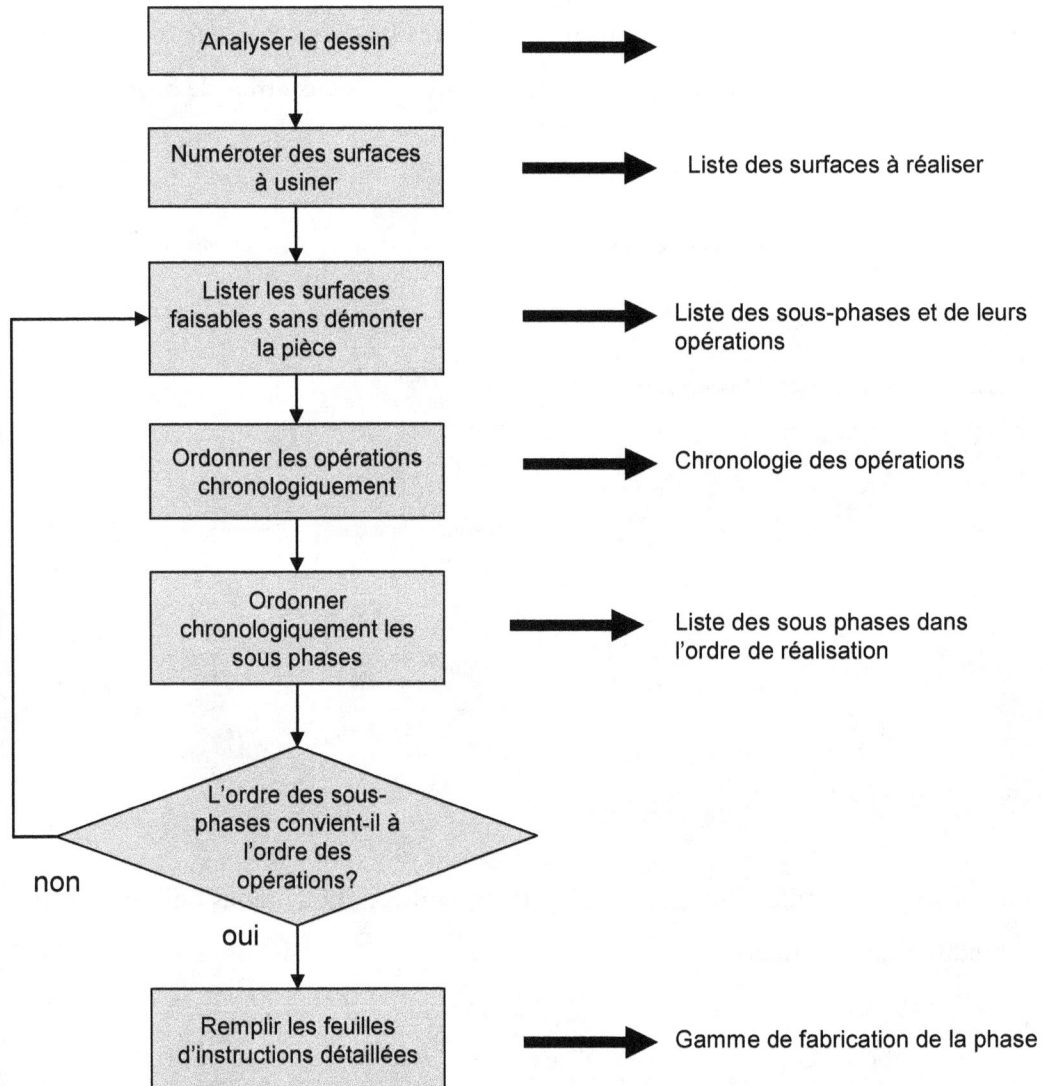

Analyser le dessin

Numéroter des surfaces à usiner → Liste des surfaces à réaliser

Lister les surfaces faisables sans démonter la pièce → Liste des sous-phases et de leurs opérations

Ordonner les opérations chronologiquement → Chronologie des opérations

Ordonner chronologiquement les sous phases → Liste des sous phases dans l'ordre de réalisation

L'ordre des sous-phases convient-il à l'ordre des opérations?

non

oui

Remplir les feuilles d'instructions détaillées → Gamme de fabrication de la phase

Le test de cohérence entre la chronologie des sous-phases et celle des opérations est nécessaire: il arrive qu'on doive décomposer une sous-phase en plusieurs parce que les opérations se font à des stades très différents de la fabrication.(par exemple, on chariote une surface au début mais on ne peut faire la finition qu'à la fin => deux sous-phases)

Les cotes de 55 mm et 48 mm sont déjà réalisées : les faces 6, 12, 13, 16 ne sont plus à faire. Pour la cote de 38 mm, on prendra 3 comme référence et usinera 9 : 3 est déjà réalisée. Il y a donc 11 surfaces à fraiser.

Liste des surfaces à réaliser :
1, 2, 4, 5, 7, 8, 9, 10, 11, 14, 15.

Un certain nombre de surfaces peuvent être usinées dans une même sous phase. Ainsi :
- 1, 2, 4, 5, 14, 15 peuvent être réalisées sans démonter la pièce (même sous phase). Ce sont des surfaces associées.
- 7, 8, 9, 10, 11 peuvent être réalisées sans démonter la pièce (même sous phase). Ce sont des surfaces associées.
Il y a deux sous phases.

Le travail peut être organisé de la manière suivante :

- première sous phase : nous pouvons commencer par fabriquer le tenon prismatique (dans cet exercice, il n'y a pas d'ordre entre le tenon prismatique et la queue d'aronde). La première sous phase permettra d'usiner les surfaces 1, 2, 4, 5. Le tenon a une surface de référence précise : Nous appliquerons une technique particulière pour obtenir la symétrie voulue par le client.
- deuxième sous phase : la deuxième sous phase permettra d'usiner les surfaces 7, 8, 9, 10 et 11. A cause de la tolérance de géométrie, une des références sera la face 2 ou 4 du tenon. Nous avons ici un problème à résoudre : parfois, les surfaces de référence logiques sont trop petites pour pouvoir s'appuyer ou serrer dessus. C'est le cas ici. Nous allons donc choisir l'une des surfaces 6 ou 12 comme référence et devoir respecter la tolérance de géométrie.

Ordre des sous phases :
- sous phase 1 : surfaces 1, 2, 4, 5, 14, 15.
- sous phases 2 : surfaces 7, 8, 9, 10, 11.

L'ordre des sous phases convient à celle des opérations car on a décidé d'usiner le tenon prismatique d'abord. On peut donc s'intéresser aux feuilles d'instructions détaillées.

7.2.3   Usinage du tenon prismatique

Réalisation de la symétrie

Pour réaliser la symétrie de la queue d'aronde par rapport au tenon prismatique, il faudrait que la face 2 ou 4 soit prise comme surface de référence. Malheureusement, ces faces sont trop petites. Nous allons donc prendre comme référence la face 6 sur le mors fixe (appui linéique (4, 5), la face opposée servira au serrage (mors mobile), l'appui plan (1, 2, 3) étant réalisé par deux cales sur le fond d'étau. On va appliquer cette méthode pour le tenon prismatique et la queue d'aronde.

On usine une première cote de fabrication Cf1. Pour cela, on approche doucement la fraise de la surface 6 jusqu'à ce qu'elle vienne tout juste gratter la surface : on appelle ça tangenter. On écarte la fraise en déplaçant la table en X (la fraise est éloignée de la pièce), on règle la cote de fabrication Cf1 avec la manivelle du chariot et on embraye l'avance automatique : la machine usine la pièce en respectant la distance Cf1 entre le mors fixe et la surface usinée 4. Magnifique.

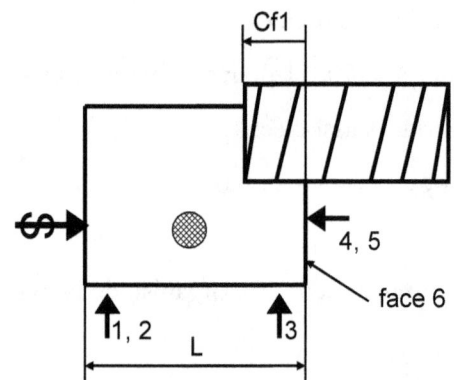

On desserre la pièce et la retourne. Sans rien changer aux réglages, on usine la surface opposée.

On vient d'usiner la même cote Cf1 du côté opposé. Le tenon obtenu n'a pas encore la bonne cote mais il est parfaitement symétrique par rapport aux surfaces 6 et 12.

Calculons la différence entre l'épaisseur du tenon et la cote moyenne de 20g7 (19,98 mm). Divisons par deux : cela donne la profondeur de passe pY à enlever de chaque côté.

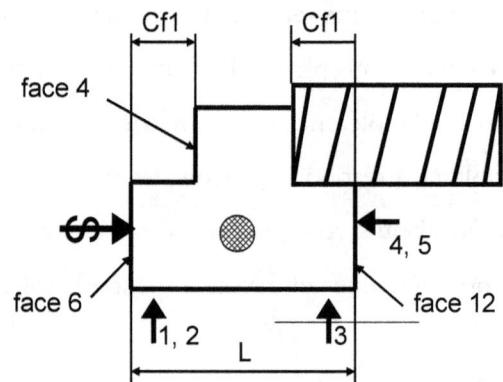

Exemple : on mesure 22,60 mm pour l'épaisseur du tenon. (22,60 – 19,98)/2 = 1,31 mm De chaque côté du tenon, on usine en prenant une passe pY = 1,31 mm et le tenon est symétrique par rapport à 6 et 12 et à la bonne cote.

Il suffit de faire la même chose pour le tenon en queue d'aronde et la symétrie entre les deux tenons est garantie. De plus, on a évité de saisir la pièce entre 2 et 4, surfaces trop petites pour obtenir de la qualité. Cette technique, dont les résultats sont très bons, nécessite de démonter la pièce plus souvent (il y aura plus que deux sous phases) : c'est l'un des rares cas où démonter plus souvent la pièce améliore la précision.

7.2.4   Positionnement et perçage des trous

Le positionnement précis des trous nécessite de tangenter des faces, activité périlleuse avec de fragiles forets ! Aussi, pour remplacer les forets, on utilise une **pinule** (photo ci-contre). Montez un mandrin de perçage dans la broche de la machine et, au lieu d'y mettre le foret, mettez-y la pinule.
Faites tourner la broche.

- tant que la partie basse de la pinule tourne dans le vide, elle vibre,

- quand elle a parfaitement tangenté la pièce, elle devient parfaitement centrée et immobile (c'est à ce moment là que nous pourrons remettre le tambour de manivelle à zéro) : photo ci-dessous à gauche

- dès qu'elle a dépassé le point de tangence, la partie basse se décale complètement de la partie haute : photo ci-dessous à droite

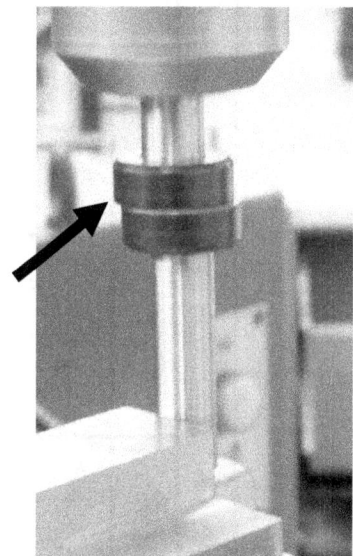

sous-phase n° 1

opération	désignation	schéma	outils	p mm	V m/min	N t/min	a mm/dent	A mm/min
1	préréglages		fraise cylindrique deux tailles diamètre 63 mm, 8 dents, en ARS		25	126	0,1	100

Choisir deux cales identiques, monter la pièce dans l'étau comme sur le schéma, en la faisant dépasser des mors d'aumoins 12 mm, et serrer.

Monter la fraise deux tailles sur la machine et serrer.

Régler les vitesses de broche et d'avance, amener la fraise quelques millimètres au dessus de la pièce et faire tourner la broche.

Avec la manivelle de la console, venir tangenter la surface 3. Sans bouger la manivelle, remettre le tambour à zéro (ou Z de la visu).

Remonter légèrement la fraise (Z+).

En bougeant le chariot, amener la fraise derrière la pièce (Y+).

Descendre la fraise légèrement en dessous de la surface 3 (mais sans toucher la pièce!) puis venir tangenter la surface 6. Remettre le tambour du chariot à zéro. Déplacer la fraise vers la droite.

sous-phase n° 1

opération	désignation	schéma	outils	p mm	V m/min	N t/min	a mm/dent	A mm/min
2	fraisage combiné du premier épaulement (première passe)	*(voir schéma)*	fraise cylindrique deux tailles, diamètre 63 mm, 8 dents, en ARS	pZ= 3mm, pY= 13mm	25	126	0,1	100

(schéma : face 3, face 6, Cf 1, Cf 2, repères 1,2 – 3 – 4,5)

Remonter la fraise jusqu'à Z=0 puis descendre la fraise (Z-) de 3 mm: on va enlever 3 mm d'épaisseur lors de la première passe. On dit que la profondeur de passe est de 3 mm.

Déplacer la fraise selon Y- de 13 mm: Horizontalement, la fraise va enlever 13 mm de matière.

Positionner l'arrosage au dessus de la fraise et ouvrir le robinet: le jus doit couler sur les dents de la fraise qui travaillent.

Embrayer l'avance automatique X- : La fraise avance lentement vers la pièce et usine.

Quand la fraise est de l'autre coté de la pièce, arrêter l'avance automatique, arrêter l'arrosage, dégager la fraise vers la droite et arrêter la broche.

Contrôler les cotes Cf1 et Cf2 avec le réglet. On doit avoir Cf1 = 13 mm et Cf2 = 3 mm.

sous-phase n° 1

opération	désignation	schéma	outils	p mm	V m/min	N t/min	a mm/dent	A mm/min
3	fraisage combiné du premier épaulement (deuxième passe)		fraise cylindrique deux tailles diamètre 63 mm, 8 dents, en ARS	pZ= 3mm, pY= 13mm	25	126	0,1	100

Descendre la fraise jusqu'à Z = 0 puis descendre de 6 mm (ce qui correspond aux 3 mm déjà enlevés + 3 mm de nouvelle passe).
Faire tourner la broche.
Ouvrir le robinet d'arrosage.
Embrayer l'avance automatique X- : La fraise avance lentement vers la pièce et enlève de nouveau 3 mm de profondeur de passe.
Quand la fraise est de l'autre coté de la pièce, arrêter l'avance automatique, arrêter l'arrosage, dégager la fraise vers la droite (remonter la fraise au dessus de la pièce, remettre la fraise à droite de la pièce en déplaçant selon X+) et arrêter la broche.
Contrôler les cotes Cf 1 et Cf 2 avec le réglet. On doit avoir Cf 1 = 13 mm et Cf 2 = 6 mm.

sous-phase n° 1

opération	désignation	schéma	outils	p mm	V m/min	N t/min	a mm/dent	A mm/min
4	fraisage combiné du premier épaulement (troisième passe)		fraise cylindrique deux tailles diamètre 63 mm, 8 dents, en ARS	pZ= 3mm, pY= 13mm	25	126	0,1	100

Descendre la fraise jusqu'à Z = 0 puis descendre de 9 mm.
Faire tourner la broche.
Ouvrir le robinet d'arrosage.
Embrayer l'avance automatique X- : La fraise avance lentement vers la pièce et enlève de nouveau 3 mm de profondeur de passe. Quand la fraise est de l'autre coté de la pièce, arrêter l'avance automatique, arrêter l'arrosage, dégager la fraise à droite de la pièce et arrêter la broche.
Contrôler la cote Cf 1 avec le réglet et mesurer Cf2 précisément au pied de profondeur. Noter cette cote mesurée.

sous-phase n° 1

opération	désignation	schéma	outils	p mm	V m/min	N t/min	a mm/dent	A mm/min
5	fraisage combiné du premier épaulement (finition)		fraise cylindrique deux tailles diamètre 63 mm, 8 dents, en ARS	pZ calculée pY= 13mm	32	160	0,08	102 ou un peu plus

La cote Cf2 à obtenir est de 10,1 ±0,2 mm (tolérance générale ISO 2768mK). Or nous avons déjà obtenu la cote mesurée. La nouvelle profondeur de passe sera donc la différence 10,1 - cote mesurée. Régler la profondeur de passe (le tambour de potence doit indiquer 9 mm + pZ.

Pour la finition, on diminue l'avance par dent: 0,08 mm / dent. Comme la fraise a 8 dents, cela fait 0,64 mm / tour; en multipliant par la vitesse de broche sélectionnée sur la boite,on trouve A minimale. Sélectionner la valeur immédiatement supérieure sur la boite des avances. Faire le réglage.

Faire tourner la broche, ouvrir le robinet d'arrosage.

Embrayer l'avance automatique X- : la fraise avance lentement vers la pièce et enlève la profondeur de passe de finition.

Quand la fraise est de l'autre coté de la pièce, arrêter l'avance automatique, arrêter l'arrosage, dégager la fraise vers la droite et arrêter la broche.

Contrôler la cote Cf 1 avec le réglet et mesurer Cf2 précisément au pied de profondeur. Cf2 doit se situer entre 9,9 et 10,3 mm.

sous-phase n° 2

opération	désignation	schéma	outils	p mm	V m/min	N t/min	a mm/dent	A mm/min
1	fraisage combiné du deuxième épaulement (ébauche)	Cf2, Cf1, face 12, face 3, face 6, 4, 5, 3, 6, 1, 2	fraise cylindrique deux tailles diamètre 63 mm, 8 dents, en ARS	pZ= 3mm, pY= 13mm	25	126	0,1	100

Desserrer et retourner la pièce: la partie usinée sera du côté du mors mobile. Serrer. Faire tourner la broche.
Venir tangenter la surface 3, remettre le tambour à zéro. Remonter légèrement la fraise (Z+).
En bougeant le chariot, amener la fraise derrière la pièce (Y+), Descendre la fraise légèrement en dessous de la surface 3, tangenter la surface 12. Remettre le tambour du chariot à zéro. Déplacer la fraise vers la droite.
Remonter la fraise jusqu'à Z=0 puis descendre la fraise (Z-) de 3 mm. Déplacer la fraise selon Y- de 13 mm.
Ouvrir le robinet d'arrosage, embrayer l'avance automatique X- : la fraise usine la première passe.
Quand la fraise est de l'autre coté de la pièce, arrêter l'avance automatique, arrêter l'arrosage, dégager la fraise vers la droite et arrêter la broche.
Contrôler les cotes.

sous-phase n° 2

opération	désignation	schéma	outils	p mm	V m/min	N t/min	a mm/dent	A mm/min
2 et 3	fraisage combiné du deuxième épaulement (ébauche)		fraise cylindrique deux tailles diamètre 63 mm, 8 dents, en ARS	deux passes pZ= 3mm; Cf1= 13mm	25	126	0,1	100

Descendre la fraise jusqu'à Z = 0 puis descendre jusqu'à 6 mm.
Faire tourner la broche.
Ouvrir le robinet d'arrosage.
Embrayer l'avance automatique X-
Quand la fraise est de l'autre coté de la pièce, arrêter l'avance automatique, arrêter l'arrosage, dégager la fraise vers la droite et arrêter la broche.
Recommencer les mêmes étapes une deuxième fois en enlevant de nouveau 3 mm. On dit qu'on reprend une passe de 3 mm.
Mesurer l'épaisseur du tenon au palmer ainsi que Cf2 au pied de profondeur. Noter les cotes mesurées.
calculer les profondeurs de passe de finition:
pZ = 10,1 - Cf2
pY = (épaisseur du tenon - 19,98) / 2

sous-phase n° 2 et 3

opération	désignation	schéma	outils	p mm	V m/min	N t/min	a mm/dent	A mm/min
4	fraisage combiné du deuxième épaulement (finition)		fraise cylindrique deux tailles diamètre 63 mm, 8 dents, en ARS	pY et pZ calculées	32	160	0,08	>102

Descendre la fraise jusqu'à une valeur au tambour de 9 mm + pZ.
Régler la profondeur de passe pY (la valeur au tambour doit être de 13 + pY.
Régler les boites de vitesse et d'avance.
Faire tourner la broche, ouvrir le robinet d'arrosage, embrayer l'avance automatique X-. Quand la fraise est de l'autre coté de la pièce, arrêter l'avance automatique et l'arrosage.
Dégager la fraise vers la droite et arrêter la broche.

Retourner la pièce et refaire la même passe sans changer les réglages. Arrêter la machine.
Contrôler les cotes 10,1 ± 0,2 et 19,972 < 20g7 < 19,993

sous-phase n° 3

opération	désignation	schéma	outils	p mm	V m/min	N t/min	a mm/dent	A mm/min
2 et 3	perçage des trous diamètre 5		foret cylindrique Ø 5 mm	pZ = 13 mm	30	1900	manuel	manuel

Schéma : face 3, face 12, 3, 4, 5, 1, 2, face 6, 6, S

Monter un mandrin de perçage sur la broche. Monter une pinule dans le mandrin.

Régler la vitesse de broche, faire tourner la broche, venir tangenter la face 16 avec la pinule. La partie inférieure de la pinule se désaxe complètement dès qu'elle a dépassé le point de tangence. (il est possible mais déconseillé de tangenter au foret si vous n'avez pas de pinule)

Remonter la pinule et arrêter la broche.

Démonter la pinule et insérer le foret dans le mandrin.

Déplacer le mandrin de 10 mm vers le centre de la pièce, faire tourner la broche, descendre le foret, repérer pour quelle valeur de Z il commence à percer, percer de 13 mm.

Remonter le foret, arrêter la broche.

Refaire de même avec le deuxième trou.

Tarauder à la main.

7.2.5   Surfaçage de la face 9.

Le brut ayant 39 mm d'épaisseur, il faut non seulement réaliser la cote de 38 mm mais aussi la pente. Pour cela, nous allons incliner la pièce de 10,30 ° dans l'étau en utilisant un rapporteur d'angle.

- Poser deux cales sur le fond d'étau contre le mors fixe.
- Positionner la pièce sur les cales, qui formera l'appui linéique et monter d'environ 15 ° le côté gauche de la pièce. Serrer légèrement.

- Prérégler le rapporteur d'angle à 10,5 ° (ou mieux si votre rapporteur permet plus de précision). Poser une petite cale sur le mors fixe et poser le rapporteur sur cette cale (photo ci-contre).

- A l'aide d'un maillet, modifier l'orientation de la pièce jusqu'à ce que son arête soit parallèle à la règle du rapporteur (photo ci-contre).

- Faire glisser le rapporteur sur la cale et vérifier que la règle coïncide parfaitement avec l'arête de la pièce. Quand c'est fait, serrer la pièce énergiquement.

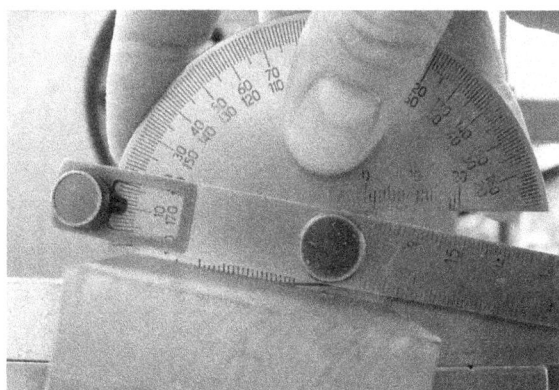

Vous constaterez que une seule cale est active : l'autre glisse est peut être retirée. La pièce est donc positionnée par un appui ponctuel (le contact avec une cale) qui supprime la translation en Z, un appui plan (le mors fixe de l'étau) qui supprime la translation en Y et les rotations en X et Z. Forcer l'appui sur la deuxième cale aurait rendu le montage hyperstatique (rotation en X supprimée deux fois). Les translation en X et rotation en Y sont freinées par le serrage. La photo ci-dessous montre le contrôle de l'orientation par le rapporteur :

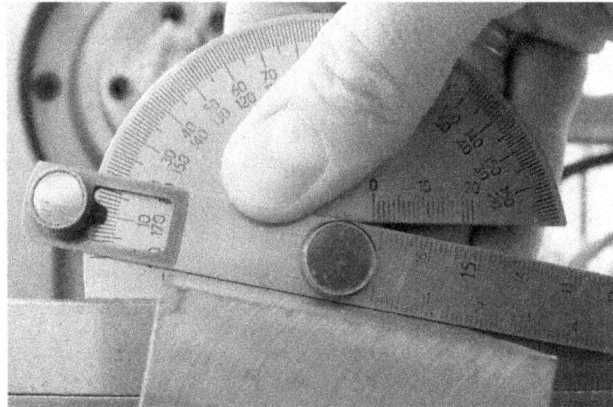

7.2.6   Usinage de la queue d'aronde

Pour réaliser la queue d'aronde, nous allons faire une ébauche comme s'il s'agissait d'un tenon prismatique en utilisant la même fraise qu'en sous phase 1, puis nous utiliserons une fraise deux tailles conique à 60° pour la finition. L'ébauche prismatique aura 7,8 mm de hauteur (les 8 mm du dessin moins 0,2 mm de surépaisseur pour la finition) et 36 mm d'épaisseur.

La fraise que nous utiliserons pour usiner la queue d'aronde est une **_fraise de forme_** : en effet, c'est la forme du profil (conique) qui va donner la forme à la pièce. Il s'agit d'une fraise deux tailles conique à queue cylindrique 60°, type A, diamètre 25 mm, 14 dents.

La fraise ayant une queue cylindrique de diamètre 16 mm, il faut une pince de diamètre 16 mm et un mandrin porte pince et son écrou.

Pour monter le tout :

- on monte la pince dans le mandrin,
- on monte l'écrou sans le serrer,
- on introduit la queue de la fraise profondément dans la pince,
- on serre l'écrou.

Pour les paramètres de coupe, nous sommes dans le cas d'un fraisage de forme : on prendra une vitesse de coupe V=15 m/min. La fraise conique étant la plus fragile de toutes les fraises de forme à cause de l'angle très saillant des dents, nous réduirons l'avance au copeau minimum, soit s = 0,05 mm/dent. Pour l'exercice, l'auteur a une fraise de 14 dents (z = 14) Cela donne :

N= 1000 x 15 / (3,14 x 25) = 190 t/min (prendre la vitesse immédiatement inférieure)

Avance par tour : 0,05 x 14 = 0,7 mm/tour

Avance A = 0,05 x 14 x N (prendre la vitesse immédiatement supérieure).

Deux choix possibles pour usiner une queue d'aronde. Une queue d'aronde est définie par un angle au sommet (ici : 60°). Mais cette définition ne suffit pas : quelle portion de la queue d'aronde souhaitons nous ? Pour y répondre, il faut définir une épaisseur (ici : 38 mm).

Pour une **glissière** en queue d'aronde, il faut aussi définir un plan de référence : ce plan est défini à une hauteur h de la cote de 38 mm.

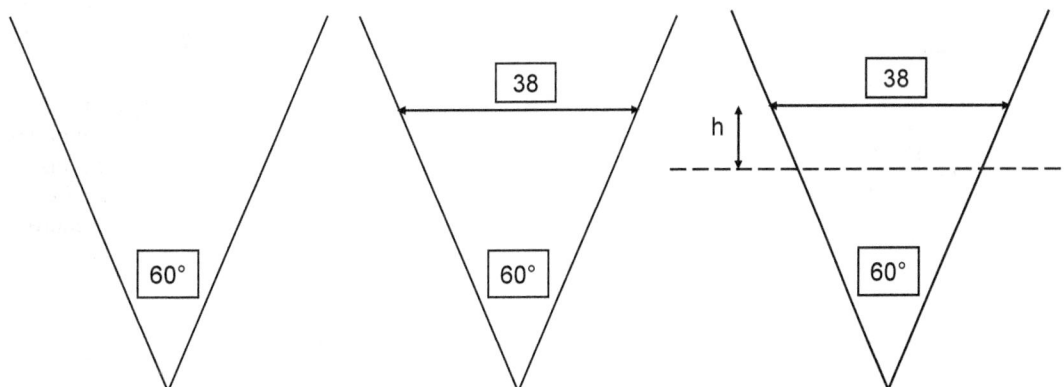

Pourquoi un plan de référence ? La raison est très simple. Plaçons maintenant sur le même plan de référence, une même queue d'aronde, mais avec une autre valeur de h :

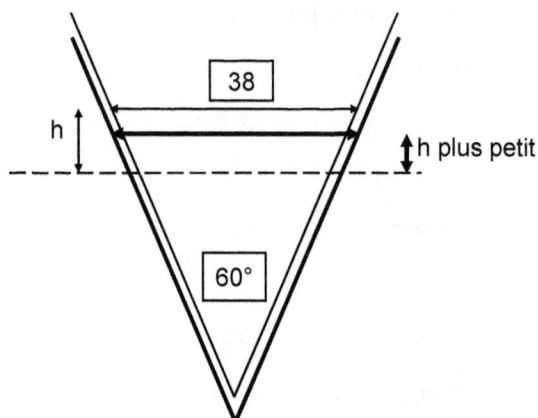

Nous venons de créer une liaison glissière en queue d'aronde entre deux pièces, la différence sur la valeur de h créant le jeu.

C'est pourquoi les valeurs de h sont différentes sur les dessins des coins inférieur et supérieur.

Maintenant que les gens du bureau d'études sont satisfaits, il faut fabriquer chaque queue d'aronde. Deux méthodes :

- ou on considère que l'angle de 60° est *parfait* (cote encadrée), on cherche la cote de 38 *parfaite* (cote encadrée) le long de la queue d'aronde (forcément, à un moment donné, l'épaisseur de la queue d'aronde sera de 38 mm), et lorsqu'on la trouve, on usine le plan à la cote h (cote avec une tolérance) : cas n°1

- ou bien on considère que l'angle de 60° est *parfait* (cote encadrée), on part du plan de référence et on mesure une cote *parfaite* de 8 mm (cote encadrée) et, à partir de ces références, on usine la queue d'aronde à la cote de 38 (cote avec une tolérance) : cas n°2

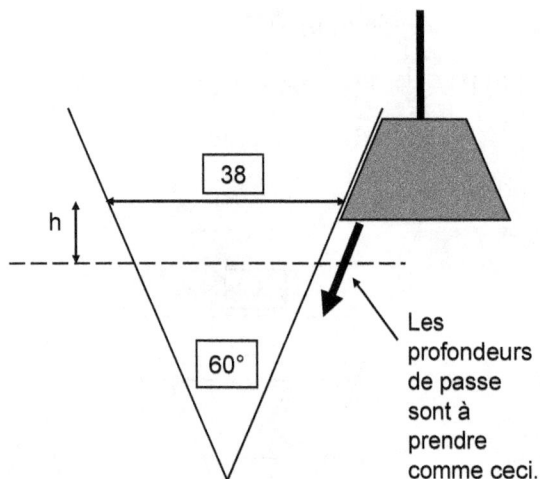

Cas n°1

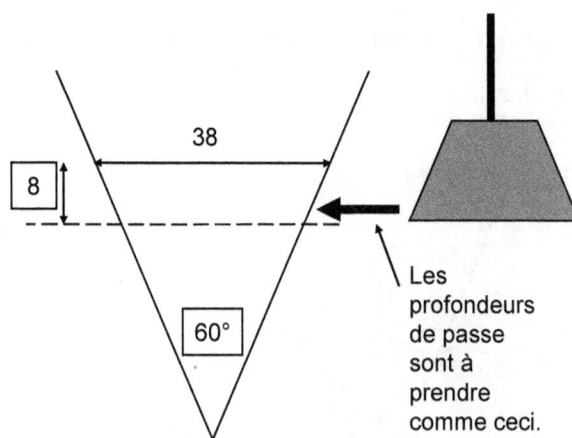

Cas n°2

Pour prendre les profondeurs de passe, le cas n° 2 est nettement plus simple. On modifie le dessin :

60° reste une cote encadrée,

8 devient une cote encadrée,

38 devient une cote tolérancée.

Calculons la tolérance sur la cote de 38. La cote de 38 peut se situer, au maximum, à 8,03 mm de distance du plan de référence. Si c'est le cas, combien vaut la cote C ?

$38 - C = 2 \times 0,03 \times \tan(30°) = 0,035$ mm

On obtient la cote à usiner : $C = 38^{0}_{-0,035}$ mm.

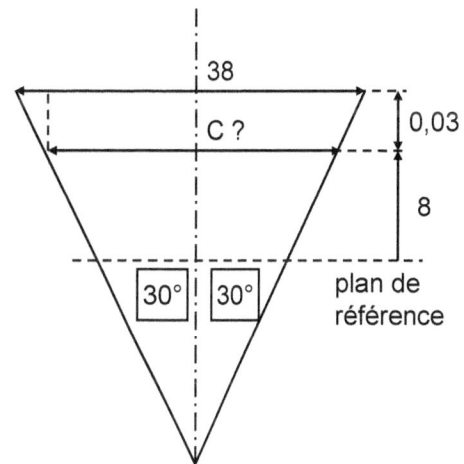

Mesure de la cote de 38 mm.

La taille de la queue d'aronde est déterminée par la cote de 38 mm à la hauteur h = 8 mm. Comme on ne peut pas mesurer directement la cote de 38 mm, on mesure « une cote sur piges » : Pour cela, on prend deux cylindres (les piges) dont on connaît parfaitement le diamètre, on les pose de chaque côté de la queue d'aronde et mesure la cote totale (dessin ci-dessous). Remarquez que les piges touchent le plan de référence.

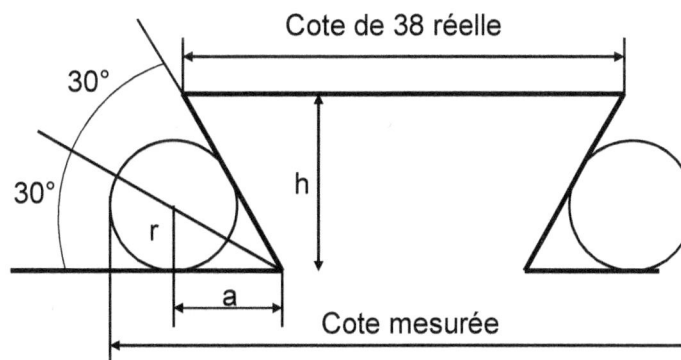

Soit r le rayon des piges.

Cote mesurée = $2 \times r + 2 \times a - 2 \times h \times \tan(30°)$ + Cote de 38 réelle

Et $a/r = \tan(60°) \Rightarrow a = r \times \tan(60°)$

D'où :

Cote de 38 réelle = Cote mesurée $- 2r - 2r \times \tan(60°) + 2h \times \tan(30°)$

Si on utilise des piges de diamètre 6 mm (r=3 mm), on obtient :

Cote de 38 réelle = cote mesurée – 7,15 mm

On va donc utiliser la cote mesurée pour calculer la profondeur de passe.

La profondeur de passe à enlever de chaque côté de la queue d'aronde est :

pY = (cote de 38 réelle – 37,98)/2   (37,98 mm est la cote moyenne compte tenu de la tolérance)

Prenons un exemple : Vous mesurez une cote sur piges de 46,45 mm.

Cote de 38 réelle = 46,45 -7,15 = 39,30 mm

D'où pY = (39,30 – 37,98)/2 = 0,66 mm

La pièce ayant été positionnée par rapporteur d'angle, il n'est pas possible de démonter la pièce pour la retourner et usiner l'autre côté en garantissant la symétrie : on ne retrouvera jamais la même position au remontage. Par suite, il faudra enlever 0,66 mm de chaque côté sans démonter la pièce.

sous-phase n° 4

opération	désignation	schéma	outils	p mm	V m/min	N t/min	a mm/dent	A mm/min
1	surfaçage de la face 9 (ébauche)	cales	fraise cylindrique deux tailles, diamètre 63 mm, 8 dents en ARS	pZ = 4 x 2,5 mm	29	146	0,15	175

Monter la pièce dans l'étau comme indiqué dans le texte, en utilisant le rapporteur d'angle

Vérifier les réglages de vitesses. Faire tourner la broche. Déplacer la fraise en Y de telle manière qu'elle travaille en opposition: elle doit à peine dépasser la pièce de votre côté et dépasser plus du côté du bâti de fraiseuse (photo du bas).

Tangenter la pièce et remettre le tambour de potence à zéro.

Dégager la fraise vers la droite.

Régler une profondeur de passe pZ = 2,5 mm

Ouvrir le robinet d'arrosage, embrayer l'avance automatique.

Quand la fraise est de l'autre coté de la pièce, arrêter l'avance automatique, arrêter l'arrosage, remonter la fraise au dessus de la pièce, la faire revenir à droite de la pièce.

Refaire trois autres passes de 2,5 mm. A la fin des quatre passes, arrêter avance, arrosage et broche et dégager vers la droite.

sous-phase n° 4

opération	désignation	schéma	outils	p mm	V m/min	N t/min	a mm/dent	A mm/min
2	surfaçage de la face 9 (finition)	cales 1, 2 3 4	fraise cylindrique deux tailles, diamètre 63 mm, 8 dents en ARS	pZ calculée	40	202	0,08	129

Mesurer verticalement la cote de 38 mm au pied à coulisse. La cote réelle est légèrement plus grande à cause de l'angle de 10,3 ° : cote réelle = mesure / cos(10,3) = mesure / 0,983.
La prochaine profondeur de passe sera pZ = (cote réelle - 38) × cos(10,3) = (cote réelle - 38) × 0,983.
Régler cette profondeur de passe.
Régler les boites de vitesses.
Faire tourner la broche. Ouvrir le robinet d'arrosage, embrayer l'avance automatique X+ : la fraise usine la passe de finition.
Quand la fraise est complètement de l'autre coté de la pièce, arrêter l'avance automatique, arrêter l'arrosage, remonter la fraise au dessus de la pièce et l'arrêter.
Mettre le tambour de potence à zéro.
Contrôler la cote 38 ± 0,3 mm

sous-phase n° 4

opération	désignation	schéma	outils	p mm	V m/min	N t/min	a mm/dent	A mm/min
3	fraisage combiné des surfaces 7 et 8 (ébauche)		fraise cylindrique deux tailles, diamètre 63 mm, 8 dents en ARS	pY calculée, trois fois pZ = 2,6 mm	25	125	0,1	100

Régler les paramètres de coupe et faire tourner la broche.

Positionner la fraise par rapport à la pièce: tangenter la face 6 et mettre le tambour de chariot à zéro.

Dégager la fraise vers la droite et l'arrêter.

Mesurer la cote réelle de 48. Calculer pY = (mesure - 36) / 2

Régler la profondeur de passe pY et une profondeur de passe pZ de 2,6 mm.

Faire tourner la broche, lancer l'arrosage, embrayer l'avance automatique de la table et prendre la passe.

Reprendre deux autres passes puis arrêter l'arrosage et l'avance, mettre le tambour de potence à zéro, arrêter la broche et dégager vers la gauche.

sous-phase n° 4

opération	désignation	schéma	outils	p mm	V m/min	N t/min	a mm/dent	A mm/min
4	fraisage combiné des surfaces 10 et 11 (ébauche)		fraise cylindrique deux tailles, diamètre 63 mm, 8 dents en ARS	deux fois pY = 2,5 mm	25	125	0,1	100

schéma:

face 9, Cf 1, Cf 2, face 12, 3, 1, 2, 4

Faire tourner la fraise.
Positionner la fraise par rapport à la pièce: tangenter la face 12 et mettre le tambour du chariot à zéro.
Dégager la fraise vers la gauche (usiner de gauche à droite va faire travailler la fraise en opposition)
En Z, revenir à la même cote qu'avant (le tambour de potence doit indiquer zéro)
Régler la profondeur de passe pY de 2,5 mm.
Lancer l'arrosage, embrayer l'avance automatique de la table et prendre la passe.
Reprendre une deuxième passe.
Débrayer l'avance automatique, arrêter l'arrosage, dégager la fraise vers la gauche de la pièce et arrêter la broche.

sous-phase n° 4

opération	désignation	schéma	outils	p mm	V m/min	N t/min	a mm/dent	A mm/min
5	fraisage combiné des surfaces 10 et 11 (ébauche)		fraise cylindrique deux tailles, diamètre 63 mm, 8 dents en ARS	pY calculée	25	125	0,1	100

Mesurer le cote de 36: la nouvelle profondeur de passe pY sera: pY = mesure - 36 mm.
Régler pY et prendre une passe.
Contrôler 36 ±0,3 mm.

sous-phase n° 4

opération	désignation	schéma	outils	p mm	V m/min	N t/min	a mm/dent	A mm/min
6	fraisage queue d'aronde, faces 7 et 8		fraise conique à queue cylindrique à 60°, diamètre 25, deux tailles, 14 dents	pY=0,6 mm pZ=0,1 mm	15	190	0,05	>133

schéma :

face 8
face 7
3
1, 2
4

Monter la fraise conique dans le mandrin à pince, ce dernier sur la broche de la machine. Régler les vitesses. Faire tourner la pièce. Positionner la fraise par rapport à la pièce. Pour cela:
- venir tangenter la face 7,
- venir tangenter la face 8 et mettre le tambour du chariot à zéro.
Dégager la fraise vers la droite, régler une profondeur de passe pZ = 0,1 mm et une profondeur de passe pY = 0,6 mm.
Lancer l'arrosage, embrayer l'avance automatique de la table et prendre la passe.
Débrayer l'avance automatique, arrêter l'arrosage, dégager la fraise vers la droite de la pièce en tournant **uniquement** la manivelle de table (on conserve les réglages) et arrêter la fraise.
Mesurer la profondeur en Z du tenon. la nouvelle profondeur de passe pZ sera pZ = 8,00 - cote mesurée.
(on devrait calculer pZ avec la cote moyenne, soit 8,015 mais comme on va repasser plusieurs fois avec la fraise, il ne vaut mieux pas)

sous-phase n° 4

opération	désignation	schéma	outils	p mm	V m/min	N t/min	a mm/dent	A mm/min
7	fraisage queue d'aronde, faces 7 et 8		fraise conique à queue cylindrique à 60°, diamètre 25, deux tailles, 14 dents	cinq passes pY=0,6 mm, une pZ calculée	15	190	0,05	>133

face 8
face 7
3
1, 2
4
$

37,98
36
8
Y: profondeur de passe totale

Régler les profondeurs de passe pY = 0,6 mm et pZ calculée.
Mettre le tambour de potence à zéro.
Faire tourner la broche, lancer l'arrosage, embrayer l'avance automatique de la table et prendre la passe.
Débrayer l'avance automatique, arrêter l'arrosage, dégager la fraise vers la droite de la pièce comme précédemment.
Reprendre trois autres passes de pY = 0,6 mm
Prendre une dernière passe de pY = 0,62 mm puis arrêter la broche.
Contrôler la cote de 8 mm.
La profondeur de passe totale en Y a été calculée comme suit:
(Y + 1,98/2) / 8 = tg(30°)
d'où:
Y = 8 × tg(30°) - 1,98/2 = 3,62 mm

sous-phase n° 4

opération	désignation	schéma	outils	p mm	V m/min	N t/min	a mm/dent	A mm/min
8	fraisage queue d'aronde, faces 10 et 11		fraise conique à queue cylindrique à 60°, diamètre 25, deux tailles, 14 dents	pY=0,6 mm	15	190	0,05	>133

schéma :

face 10
face 11
3
1, 2
4

On va usiner les faces 10 et 11. Dégager la fraise à l'avant et à gauche de la pièce. Faire tourner la broche.

Positionner la fraise par rapport à la pièce. Pour cela, venir tangenter la face 10 et mettre le tambour à zéro.

Dégager la fraise vers la gauche, régler Z = 0 (la fraise sera à la même hauteur que la surface 7) et une profondeur de passe pY = 0,6 mm

Lancer l'arrosage, embrayer l'avance automatique de la table et prendre la passe.

Débrayer l'avance automatique, arrêter l'arrosage, dégager la fraise vers la gauche de la pièce. Arrêter la broche.

sous-phase n° 4

opération	désignation	schéma	outils	p mm	V m/min	N t/min	a mm/dent	A mm/min
9	fraisage queue d'aronde, faces 10 et 11		fraise conique à queue cylindrique à 60°, diamètre 25, deux tailles, 14 dents	quatre fois pY=0,6 mm	15	190	0,05	>133

Reprendre quatre passes de pY = 0,6 mm.
A la fin, débrayer l'avance automatique, arrêter l'arrosage, dégager la fraise vers la gauche de la pièce. Arrêter la broche.

10	mesure cote sur piges		palmer + 2 piges de diamètre 6 mm

Placer les piges de chaque côté de la queue d'aronde. Mesurer la cote indiquée sur le schéma.

Cote de 38 réelle = cote mesurée – 7,15 mm

pY = (cote de 38 réelle – 37,98)/2

sous-phase n° 4

opération	désignation	schéma	outils	p mm	V m/min	N t/min	a mm/dent	A mm/min
11	fraisage queue d'aronde, faces 10 et 11		fraise conique à queue cylindrique à 60°, diamètre 25, deux tailles, 14 dents	pY calculée	19	240	0,05	>168

Régler la profondeur de passe pY calculée et les paramètres de coupe.
Prendre la passe.
Débrayer l'avance automatique, arrêter l'arrosage, dégager la fraise vers la droite et vers l'arrière de la pièce. Arrêter la broche.

Afin de terminer la fabrication de la cale réglable, il faut encore produire le coin supérieur. L'usinage de celui-ci n'est pas très compliqué : le seul défi est d'obtenir une liaison glissière de bonne qualité avec le coin inférieur. Pour cela, il y a deux solutions :

-   on usine les deux pièces aux cotes du dessin, puis on les monte : la cote de 38 pour la queue d'aronde étant très précise, un taux de rebut est à prévoir. Le rebut coûte cher, mais toutes les pièces dans les tolérances peuvent se monter ensemble : on dit que les pièces sont **interchangeables.** C'est souvent le choix retenu dans l'industrie : en effet, si un client veut changer la pompe à eau du moteur de sa voiture, le garagiste ne va pas en essayer dix avant d'en trouver une qui se monte sur le moteur du client…

-   ou bien on usine le coin supérieur en tenant compte de la cote réelle obtenue sur le coin inférieur : on peut ainsi rendre utilisable une pièce hors cote car on fabrique la deuxième pièce « sur mesure ». Il y a moins de rebut mais les pièces ne sont plus interchangeables : on dit que les pièces sont **appairées** (qui vient du mot paire, car elles font une paire). C'est un choix évident pour de la pièce unique.

Nous allons faire de l'appairage car nous fabriquons une seule cale réglable.

8.1   Analyse/ discussion du dessin

Comme dans l'exercice précédent, on va remplacer les cotes de 38 et $8_{-0,03}$ par $38^{+0,035}$ et 8. Cependant, à priori, les dessins obligent d'usiner le tenon du coin inférieur à une cote $38^{0}_{-0,035}$ mm et la mortaise du coin supérieur à une cote de $38^{+0,035}_{0}$ mm pour obtenir un jeu compris entre 0 et 0,07 mm. Là, comme usineur, vous constatez que le bureau d'étude a fait des bêtises : une queue d'aronde avec un jeu nul ne peut pas servir de glissière. Le jeu b entre les cotes de 38 mm des deux coins devra être compris entre 0,01 et 0,07 mm.

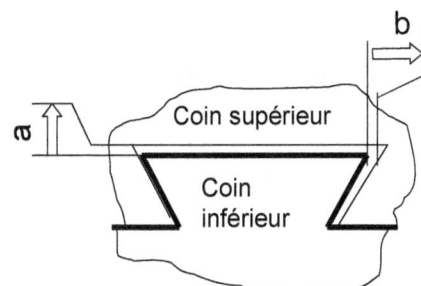

D'autre part, la cote de 8 mm définit le plan de jauge sur lequel se trouve la cote de 38 théorique alors que la cote de

48

28

55

A

Ra 1.6   fr

pente 10/55

A

section A-A

8.5

60°

30

38

8 −0.03

chanfreins de 1 mm à 45 degrés

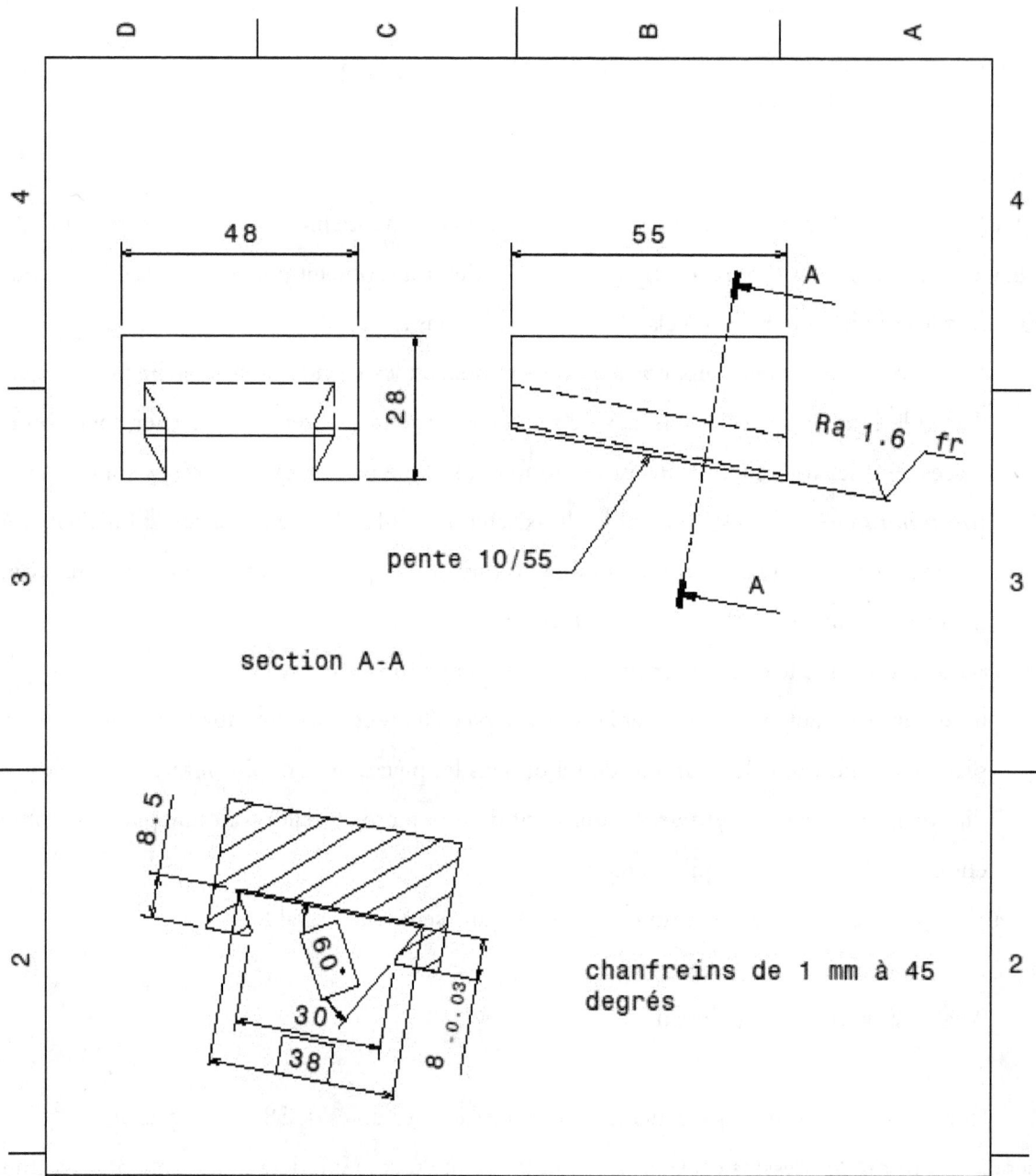

Dessiné par:

Y.Bauswein

Date:

21/12/2017

A4

coin supérieur

IUT DE METZ

Echelle:

1:1

Tolérance générale:

ISO 2768 mK

Matière:

S235

8,5 mm définit la profondeur de la rainure femelle. Comme la hauteur du tenon du coin inférieur est de 8 mm, il existera un jeu a de 0,5 mm.

8.2   Gamme de fabrication.

La succession des travaux à réaliser est la suivante :
- sciage d'un lopin de 57 mm de long dans du carré de 50 en S235,
- usinage d'un parallélépipède de 55 x 48 x 29 mm,
- usinage de la pente,
- usinage de la queue d'aronde.

Dans cet ouvrage, nous nous concentrerons sur les deux derniers points

Numérotons les surfaces :

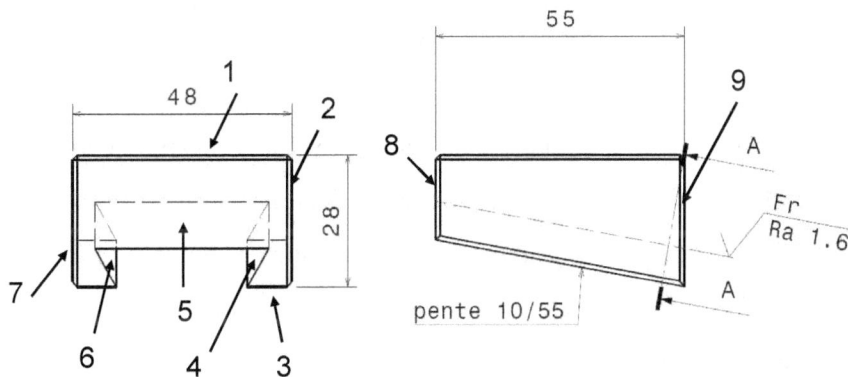

8.2.1   Usinage du parallélépipède et isostatisme

Il faut que la pièce usinée dépasse des mors de l'étau : sinon, vous allez usiner l'étau en même temps et les compliments bruyants du chef d'atelier sont garantis...Pour ce faire, on utilise des cales que l'on pose sur le fond d'étau, comme l'indique le schéma ci-dessous :

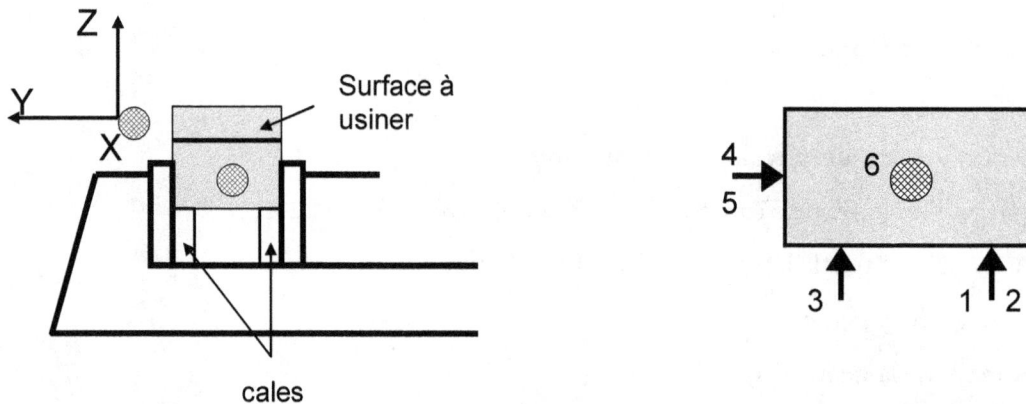

L'appui plan supprime la translation en Z et les rotations en X et Y, l'appui linéique supprime la translation en Y et la rotation en Z, l'appui ponctuel supprime la translation en X.

Bien que nous ayons déjà fait ça précédemment, on peut se poser la question de savoir si, à cause du serrage, l'appui plan n'est pas plutôt sur le mors fixe au lieu d'être sur le fond d'étau. La réponse est ambiguë :

Le schéma ci-dessous présente la situation. Deux forces de serrage S s'appliquent horizontalement sur la pièce et sont opposées. Elles ne sont pas tout à fait égales à cause du frottement au point O. La pièce a tendance à tourner dans le sens horaire et venir s'appliquer contre le mors fixe. Cette tendance crée deux forces de frottement F qui s'appliquent sur la pièce et s'opposent au mouvement. Pour l'équilibre, il existe une force verticale R au point O.

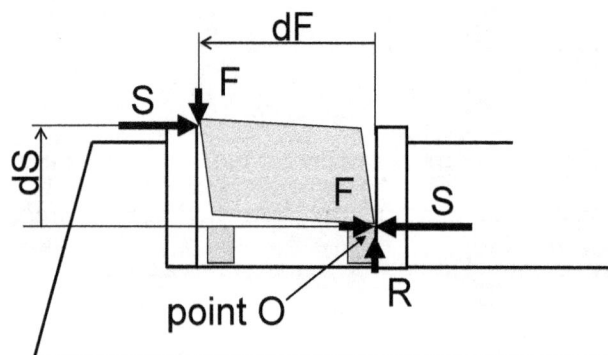

Si on considère les moments des forces par rapport au point O, les forces en O n'apparaissent pas dans le calcul (pas de bras de levier). Donc le moment de la force de serrage S par rapport au point O (bras de levier dS) doit être égal et opposé au moment de la force de frottement F par rapport au mors mobile (bras de levier dF).

Conclusion : pour assurer un bon appui plan sur les cales ou le fond d'étau, il faut :

- une grande longueur de pièce dF (orienter la pièce favorablement),
- un mors fixe pas trop haut (pour limiter dS)
- des cales assez hautes (pour diminuer dS)
- la meilleure adhérence possible (éviter l'huile)

On peut rarement jouer sur tous les paramètres mais la hauteur de cale est une idée à retenir.

sous-phase n° 7

opération	désignation	schéma	outils	p mm	V m/min	N t/min	a mm/dent	A mm/min
1	surfaçage de la face 3 (ébauche)		fraise cylindrique deux tailles, diamètre 63 mm, 8 dents en ARS	pZ = 4 x 2,5 mm	29	146	0,15	175

Fabriquer le brut de 55 x 48 x 29 mm et le mettre dans l'étau comme indiqué au chapitre précedent, en utilisant le rapporteur d'angle
Vérifier les réglages de vitesses. Faire tourner la broche. Déplacer la fraise en X de telle manière qu'elle travaille en opposition: elle doit à peine dépasser la pièce à gauche et dépasser plus à droite (photo)
Tangenter la pièce et remettre le tambour de potence à zéro.
Dégager la fraise vers l'avant.
Régler une profondeur de passe pZ = 2,5 mm
Ouvrir le robinet d'arrosage, embrayer l'avance automatique Y+.
Quand la fraise est derrière la pièce, arrêter l'avance automatique, arrêter l'arrosage, remonter la fraise au dessus de la pièce, la faire revenir devant la pièce.
Refaire trois autres passes de 2,5 mm. A la fin des quatre passes, arrêter avance, arrosage et broche et dégager vers l'avant.

sous-phase n° 7

opération	désignation	schéma	outils	p mm	V m/min	N t/min	a mm/dent	A mm/min
2	surfaçage de la face 3 (finition)		fraise cylindrique deux tailles, diamètre 63 mm, 8 dents en ARS	pZ calculée	40	202	0,08	129

Mesurer la cote verticale de 28 mm au pied à coulisse. La cote réelle = mesure / cos (10,3°) = mesure / 0,983.
La prochaine profondeur de passe sera pZ = (cote réelle − 28) × 0,983 .
Régler cette profondeur de passe.
Régler les paramètres de coupe.
Faire tourner la broche. Ouvrir le robinet d'arrosage, embrayer l'avance automatique Y+ : la fraise usine la passe de finition.
Quand la fraise est de l'autre coté de la pièce, arrêter l'avance automatique, arrêter l'arrosage, remonter la fraise au dessus de la pièce et l'arrêter.
Contrôler la cote 28 ± 0,3 mm

113

8.2.2   Queue d'aronde

D'un point de vue fonctionnel, il faut toujours casser les angles saillants d'une queue d'aronde. Le montage, sinon, sera impossible. Ainsi, la cote a théorique serait :

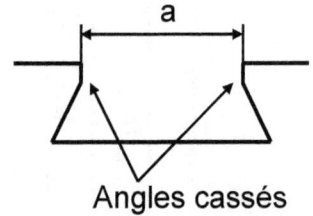

$a_{\text{théorique}} = 38 - 2 \times 7{,}985 \times tg(30°) = 28{,}78$ mm

On va usiner une cote a = 30 mm, ce qui revient à casser les deux angles saillants.

Comme dans l'exercice précédent, la cote de 8 mm devient une cote encadrée et la cote de 38 devient une cote tolérancée C.

Calculons la tolérance sur la cote de 38. La cote de 38 peut se situer, au minimum, à 7,97 mm de distance du plan de référence. Si c'est le cas, combien vaut la cote C ?

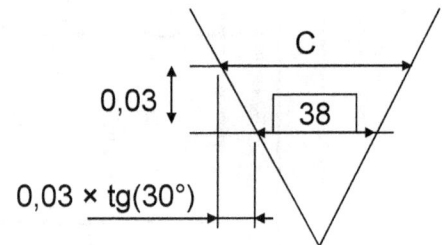

$C - 38 = 2 \times 0{,}03 \times tan(30°) = 0{,}035$ mm

On obtient la cote à usiner : $C = 38\,_0^{+0{,}035}$ mm.

En effet, le fait de vouloir une cote de 38 mm à une profondeur de 7,97 mm revient à accepter une cote légèrement supérieure à 38 à une profondeur de 8 mm.

Appairage.

L'appairage est basé sur les cotes réelles du coin inférieur pour usiner le coin supérieur. On appellera L la cote réelle de 38 mm mesurée sur le coin inférieur. Mesurez et notez cette cote.

L =

a) Relation entre C et L

Calculons maintenant la cote pour le coin supérieur : on appellera C la cote de 38 à usiner sur le coin supérieur au niveau du plan de jauge. L et C sont liées par le jeu b :

Jeu b => $0{,}01 < C - L < 0{,}07$ => $L + 0{,}01 < C < L + 0{,}07$

Pour l'usinage, on visera une cote **C = L + 0,04** (on visera le milieu de l'intervalle de tolérance pour le moins de rebut possible).

b) Mesure de la cote sur piges : relation entre C et X

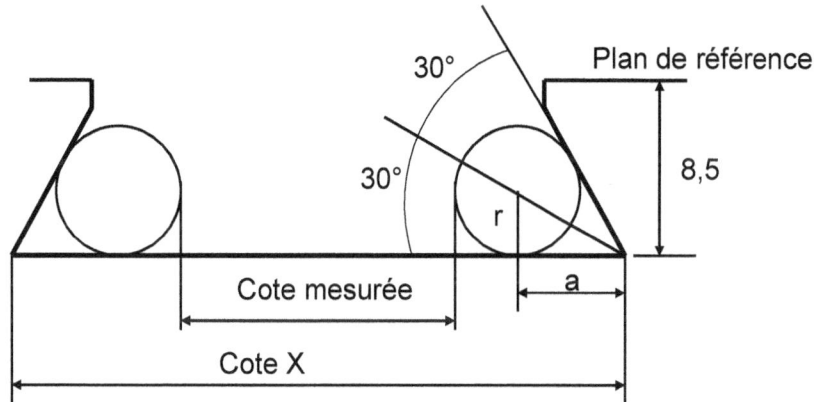

La cote que nous mesurons sur la pièce n'est pas la cote C mais la cote X. En effet :
- la mesure est faite sur piges à 8,5 mm de profondeur, qui donne la cote X,
- la cote C doit être prise à 8 mm de profondeur seulement.

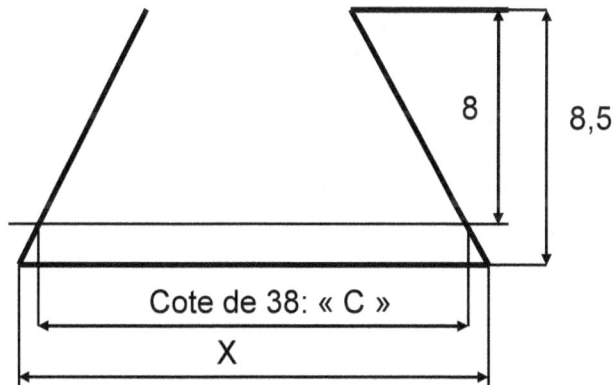

D'où la relation :

C = X – 2 × 0,5 × tg(30°)

c) Relation entre la mesure et la cote X

Soit r le rayon des piges.

Cote mesurée + 2 × r + 2 × a = X

Et $a/r = \tan(60°) => a = r \times \tan(60°)$

D'où :

$X = $ Cote mesurée $+ 2\,r + 2\,r \times \tan(60°)$

Si on utilise des piges de diamètre 6 mm (r = 3 mm), on obtient :

X = cote mesurée + 16,39

d) Synthèse

On a :

$C = L + 0,04$

$C = X - 2 \times 0,5 \times \mathrm{tg}(30°)$

$X = $ cote mesurée $+ 16,39$

En réordonnant :

cote mesurée $= X - 16,39$

$X = C + 0,58$

$C = L + 0,04$

On en déduit la relation entre la mesure (objectif à atteindre) et la cote L (contrainte d'appairage) :

Cote mesurée = L – 15,77

Concrètement, on va prendre des passes. Tant que la cote mesurée est inférieure à L – 15,77 mm, on continue à usiner.

sous-phase n° 8

opération	désignation	schéma	outils	p mm	V m/min	N t/min	a mm/dent	A mm/min
1	rainurage, surfaces 4 et 5, ébauche		fraise cylindrique deux tailles diamètre 16 mm 4 dents en ARS	quatre passes de 2 mm	19	378	0,1	151

Monter la fraise dans un mandrin à pince et ce dernier dans la broche.
Régler les paramètres de coupe. Faire tourner la broche.
Venir tangenter les faces 3 et 7 et remettre les tambours à zéro. Dégager la fraise vers la droite et arrêter la broche.
Mesurer la cote de 48 réelle.
A partir du "zéro" en Y, déplacer la fraise de: mesure - 9 en Y-
Régler une passe pZ = 2 mm et faire tourner la broche.
Lancer l'arrosage, embrayer l'avance automatique X-.
Lorsque la passe est terminée, débrayer l'avance automatique, arrêter l'arrosage et dégager la fraise vers la droite.

Reprendre trois autres passes pZ de 2 mm.
Lorsque la dernière passe est terminée, débrayer l'avance automatique, arrêter l'arrosage et dégager la fraise vers la droite. Arrêter la broche.

sous-phase n° 8

opération	désignation	schéma	outils	p mm	V m/min	N t/min	a mm/dent	A mm/min
2	rainurage, surfaces 5 finition	(voir schéma)	fraise cylindrique deux tailles diamètre 16 mm 4 dents en ARS	pZ calculée	22	437	0,08	>140

Mesurer la profondeur de la rainure au pied de profondeur. La profondeur de passe pZ sera égale à 8,5 - mesure.
Régler la profondeur de passe ET noter la position du tambour de console.
Régler les vitesses de broche et d'avance.
Lancer l'arrosage, embrayer l'avance automatique X-.
Lorsque la passe est terminée, débrayer l'avance automatique, arrêter l'arrosage et dégager la fraise vers la gauche. Arrêter la broche.

sous-phase n° 8

opération	désignation	schéma	outils	p mm	V m/min	N t/min	a mm/dent	A mm/min
3	rainurage, surfaces 5 et 6, ébauche		fraise cylindrique deux tailles diamètre 16 mm 4 dents en ARS	quatre passes de 2 mm	19	378	0,1	151

Déplacer la fraise de 13 mm vers l'arrière (Y+). Régler une passe de 2 mm.
Régler les vitesses de broche et d'avance.
Faire tourner la broche.
Lancer l'arrosage, embrayer l'avance automatique X+.
Lorsque la passe est terminée, débrayer l'avance automatique, arrêter l'arrosage et dégager la fraise vers la gauche. Arrêter la broche.

Refaire trois passes identiques puis dégager la fraise à gauche et arrêter la broche.
Mesurer la largeur de rainure obtenue au pied à coulisse.

sous-phase n° 8

opération	désignation	schéma	outils	p mm	V m/min	N t/min	a mm/dent	A mm/min
4	rainurage, surface 5 finition		fraise cylindrique deux tailles diamètre 16 mm 4 dents en ARS	pY et pZ calculées	22	437	0,08	>140

En Z, régler la profondeur de passe à la valeur du tambour de console notée précédemment.

En Y, la profondeur de passe sera égale à pY = 30 - largeur mesurée.

Régler la profondeur de passe pY.

Régler les vitesses de broche et d'avance.

Faire tourner la broche.

Lancer l'arrosage, embrayer l'avance automatique X+.

Lorsque la passe est terminée, débrayer l'avance automatique, arrêter l'arrosage et dégager la fraise vers la droite. Arrêter la broche. Controler la cote de 30 ± 0,3 mm et la profondeur de rainure.

sous-phase n° 8

opération	désignation	schéma	outils	p mm	V m/min	N t/min	a mm/dent	A mm/min
5	fraisage de forme, face 6, ébauche		fraise conique à queue cylindrique à 60°, diamètre 25, deux tailles, 14 dents	0,5 mm	15	190	0,05	>133

Monter la fraise conique dans le mandrin à pince, ce dernier sur la broche de la machine. Régler les vitesses. Faire tourner la broche.
Positionner la fraise par rapport à la pièce. Pour cela:
- venir tangenter la face 5 et mettre le tambour de la potence à zéro (photo),
- venir tangenter la face 6 et mettre le tambour du chariot à zéro.
Dégager la fraise vers la gauche, revenir au zéro du tambour en Z et régler une profondeur de passe pY = 0,5 mm.
Lancer l'arrosage, embrayer l'avance automatique X+ de la table et prendre la passe (photo)
Débrayer l'avance automatique, arrêter l'arrosage, dégager la fraise vers la gauche de la pièce (sans remonter la fraise!) et arrêter la fraise.

sous-phase n° 8

opération	désignation	schéma	outils	p mm	V m/min	N t/min	a mm/dent	A mm/min
6	fraisage de forme, face 6, ébauche		fraise conique à queue cylindrique à 60°, diamètre 25, deux tailles, 14 dents	six fois 0,5 mm	15	190	0,05	>133
	Reprendre six passes de 0,5 mm.							
7	fraisage de forme, face 6, finition	idem	idem	pY calculée	19	240	0,05	>168

Régler les vitesses. La profondeur de passe totale étant de (C − 30)/2,
Régler une profondeur de passe pY = (C − 30)/2 − 3,5
Faire tourner la broche.
Lancer l'arrosage, embrayer l'avance automatique de la table et prendre la passe.
Débrayer l'avance automatique, arrêter l'arrosage, dégager la fraise vers la droite de la pièce et arrêter la fraise.

sous-phase n° 8

opération	désignation	schéma	outils	p mm	V m/min	N t/min	a mm/dent	A mm/min
8	fraisage de forme, face 4, ébauche		fraise conique à queue cylindrique à 60°, diamètre 25, deux tailles, 14 dents	0,5 mm	15	190	0,05	>133

Régler les vitesses. Faire tourner la broche.
Positionner la fraise par rapport à la pièce. Pour cela, venir tangenter la face 4 et mettre le tambour du chariot à zéro.
Dégager la fraise vers la droite et régler une profondeur de passe pY = 0,5 mm et revenir à zéro en Z.
Lancer l'arrosage, embrayer l'avance automatique X- de la table et prendre la passe.
Débrayer l'avance automatique, arrêter l'arrosage, dégager la fraise vers la droite de la pièce et arrêter la fraise.

sous-phase n° 8

opération	désignation	schéma	outils	p mm	V m/min	N t/min	a mm/dent	A mm/min
9	fraisage de forme, face 4, ébauche		fraise conique à queue cylindrique à 60°, diamètre 25, deux tailles, 14 dents	six fois 0,5 mm	15	190	0,05	>133
	Reprendre six passes de 0,5 mm.							
10	fraisage de forme, face 4, finition	idem	idem	pY calculée	19	240	0,05	>168

Régler les vitesses. Mesurer la cote sur piges. La cote sur piges finale devant être égale à L − 15,77 mm, régler une profondeur de passe pY = L − 15,77 − mesure.

Faire tourner la broche.

Lancer l'arrosage, embrayer l'avance automatique de la table et prendre la passe.

Débrayer l'avance automatique, arrêter l'arrosage, dégager la fraise vers la droite de la pièce et arrêter la fraise.

La cote sur piges mesurée doit être de L − 15,77 ± 0,03 mm.

FICHE TECHNIQUE: GLISSIERE EN QUEUE D'ARONDE

Les jeux a et b sont nécessaires au fonctionnement d'une glissière en queue d'aronde.

Jeu b = cote C mortaise – cote C tenon
Jeu a = profondeur mortaise H – hauteur tenon h

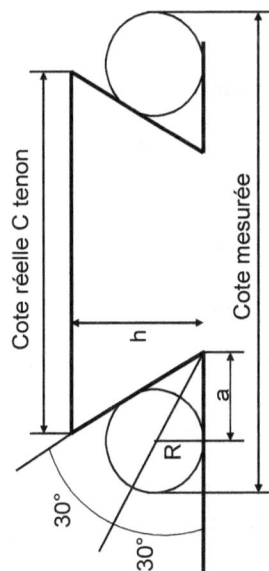

Cote réelle C = cote mesurée – 2R×(1+tg60°) + 2h × tg30°

R: rayon des piges
h: hauteur du plan de jauge (souvent égale à celle du tenon de queue d'aronde)

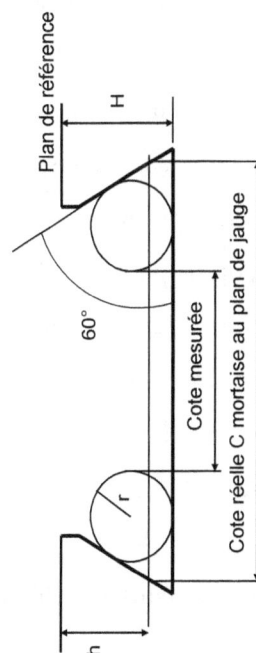

Cote C = cote mesurée + 2R × (1+ tg60°) – (H – h) × tg30°

R: rayon des piges
h: hauteur de plan de jauge
H: profondeur de mortaise

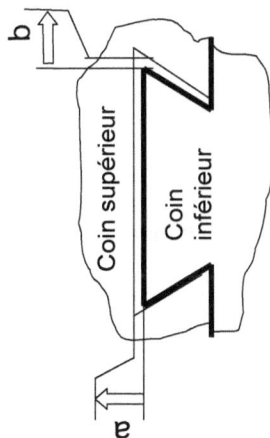

L'exercice suivant vous propose de réaliser un vé d'atelier. Le vé d'atelier sert à positionner une pièce cylindrique parallèlement à un plan (la table de fraiseuse par exemple) et une droite (une rainure de table par exemple). C'est un outil pratique pour fraiser un méplat ou une rainure de clavette sur un arbre.

9.1   Analyse/discussion du dessin

L'analyse du dessin permet de vérifier si vous êtes capable de satisfaire à toutes les exigences du client et de corriger d'éventuelles erreurs. Comme il y a beaucoup de tolérances géométriques de position sur le dessin, nous allons les étudier une par une.

9.1.1   Les faces opposées doivent être parallèles

La caractéristique : la face supérieure réelle (surface tolérancée) doit être comprise entre deux plans théoriques parallèles à la face inférieure A (référence) et distants de 0,02 mm. En conséquence, la pente de la face supérieure est limitée à 0,02 mm sur toute sa longueur (70 mm), défauts de forme compris.

Notez que l'on ne parle que du parallélisme. La cote de 48 mm définit la hauteur à laquelle se situe la face supérieure, ce qui n'a rien à voir : une face peut être parallèle à A mais à la mauvaise hauteur ; une face peut être à la bonne hauteur mais pas parallèle à A. On dit que les exigences sont indépendantes.

La faisabilité : en utilisant la face inférieure A (surface de référence) comme appui plan et en fraisant la face supérieure (surface tolérancée) en fraisage de face, un parallélisme de 0,02 mm est faisable.

D | C | B | A

// | 0,02 | A | C

90°

// | 0,02 | A
// | 0,02 | A
B
// | 0,02 | A   Ra 0.8   fr

20
16
10
10
48

C   5

90°

// | 0,02 | C   fr   Ra 0.8   A
// | 0,02 | B | C

48

39

4

50
70

tous chanfreins de
1 mm à 45 degrés

tous trous M6 x 8

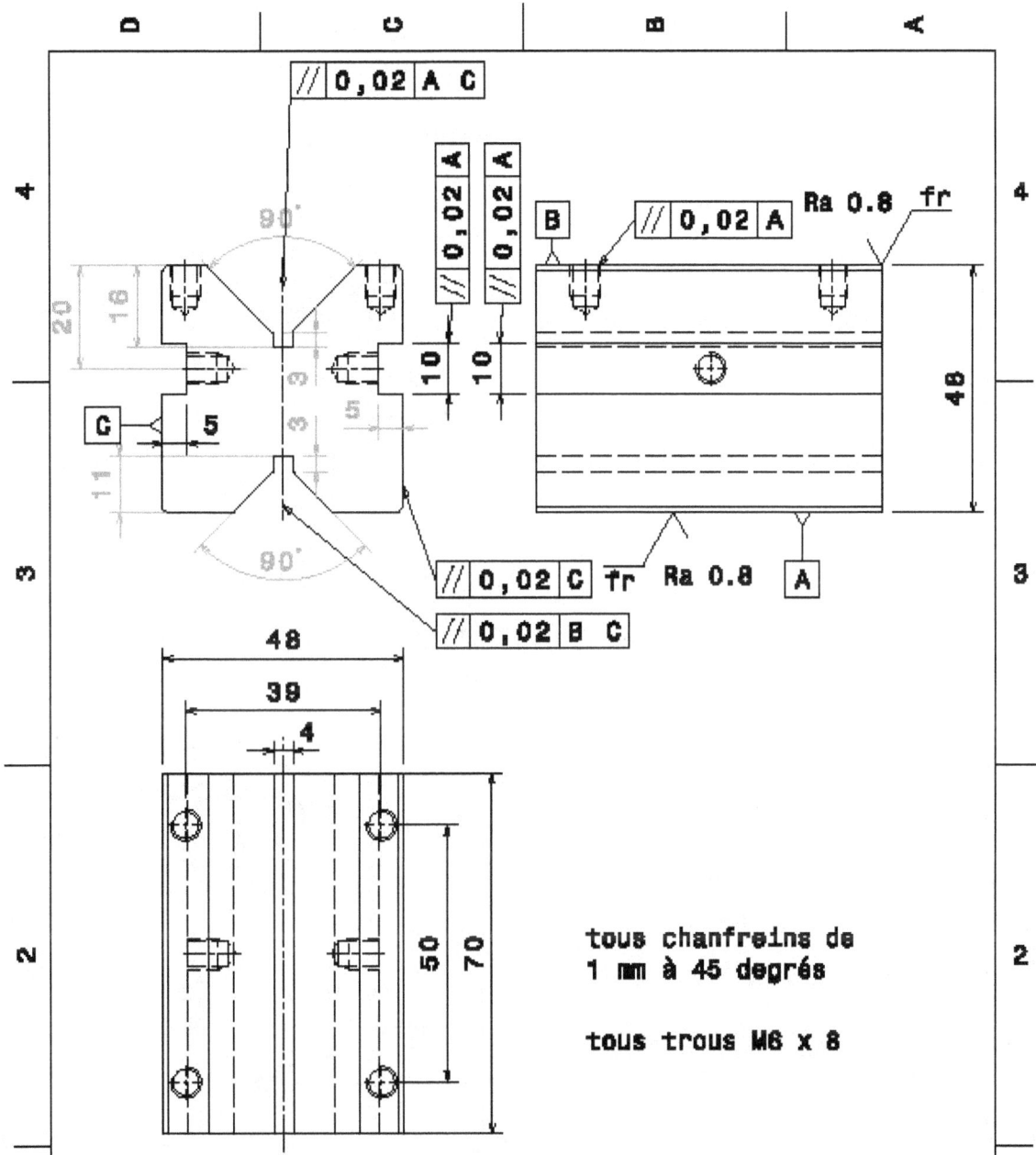

Dessiné par:

Y.Bauswein

Date:

21/12/2017

A4

Vé de 48 x 70

IUT DE METZ

Echelle:

1:1

Tolérance générale:

ISO 2768 mK

Matière:

S235

127

Règle : Le fraisage de face donne une meilleure qualité géométrique que le fraisage de profil car sa qualité repose uniquement sur la géométrie de la machine.

La raison en est simple :

En fraisage de face, c'est la géométrie de la machine qui génère la géométrie de la surface. Parce que la table se déplace en X, le parallélisme en X est lié à la cinématique de la table; parce que l'outil tourne autour de Z, le parallélisme en Y est lié à la verticalité de l'axe de broche. En effet, un défaut de la face de fraise fera que la dent la plus sortante tracera une cycloïde sur la surface, c'est-à-dire une courbe plane perpendiculaire à l'axe de la broche. Le seul défaut qui restera sera un défaut d'état de surface sous forme de stries. Dans tous les cas, c'est la machine qui est responsable de la géométrie.

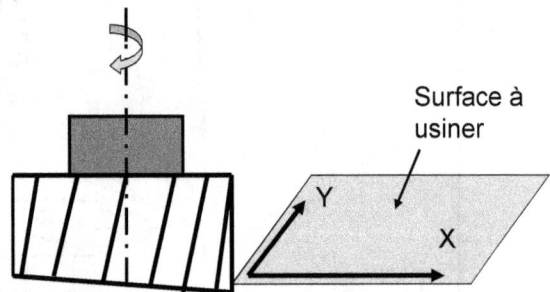

En fraisage de profil, les défauts géométriques de la fraise sont transférés sur la surface : c'est d'ailleurs ce principe qu'on a utilisé pour fraiser la queue d'aronde. Parce que la table se déplace en X, le parallélisme en X est lié à la cinématique de la table; par contre, le profil de la fraise en Z est transféré sur la surface usinée. En fraisage de profil, le parallélisme suivant un axe est lié à la géométrie de la machine ; le parallélisme suivant l'autre axe est lié à la géométrie de la fraise.

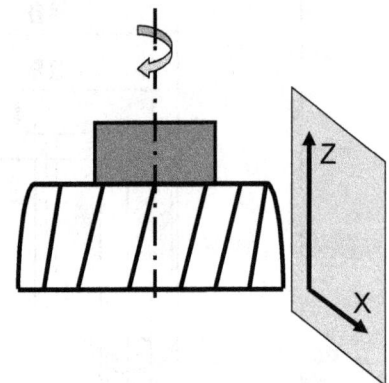

La précision de la machine l'emporte toujours sur celle de la fraise. Par suite, pour avoir le meilleur résultat possible, il faut s'arranger pour que la surface générée dépende uniquement de la géométrie machine.

9.1.2   Chaque vé doit être parallèle à sa face opposée

Finalité : poser la face A sur la table et une pièce cylindrique sur le vé supérieur. Ainsi, la pièce sera parallèle à la table.

Le vé réel doit être compris entre deux vés théoriques parallèles à la face inférieure A (référence) et distants de 0,02 mm.

Pratiquement, en utilisant la face A (surface de référence) comme appui plan et en fraisant le vé inférieur (surface tolérancée) en fraisage de face, un parallélisme de 0,02 mm est faisable.

Règle : En utilisant les faces de référence des tolérances géométriques pour la mise en position de la pièce à usiner, on obtient les meilleurs résultats géométriques sur les faces tolérancées.

A noter aussi que, pour les tolérances géométriques, le vé est composé des deux faces à 45 ° et pas de la gorge du fond, qui sert de dégagement d'outil.

9.1.3   La rainure de 10 mm de large doit être parallèle à la face A

Caractéristique : la rainure comporte deux faces et un axe. Le client veut que la rainure soit parallèle à la face A. L'axe réel de la rainure doit être compris entre deux plans théoriques parallèles à A et distants de 0,02 mm.

Faisabilité : en utilisant la face inférieure A de référence comme appui linéique et en utilisant une fraise deux tailles à rainurer, on utilise le fraisage de forme : danger !! Vérifions la qualité géométrique :

- en fraisage de profil, le parallélisme sur la longueur de 70 mm sera réalisé par le déplacement de la table (géométrie machine) : faisable
- le parallélisme sur la profondeur de 5 mm, qui est aussi dans la tolérance, dépend du profil de fraise : cependant il n'est pas nécessaire à l'usage correct du vé : il s'agit d'une contrainte superflue (à négocier avec le client). De plus, la tolérance de 0,02 mm s'exerce sur une très petite longueur, ce qui rend l'exigence peu contraignante : en effet, 0,02 mm d'erreur sur une longueur de 5 mm correspond à 0,28 mm sur une longueur de 70 mm.

9.1.4   Rugosité

La dernière difficulté du dessin concerne l'état de surface : certaines faces usinées doivent avoir une rugosité arithmétique inférieure à 0,8 μm. En fraisage de face, cela impose des outils à plaquettes carbure. En effet, les outils en ARS génèrent des surfaces plus rugueuses.

9.2 Gamme de fabrication

9.2.1 Etude des sous phases

a) Numérotons les surfaces à usiner :

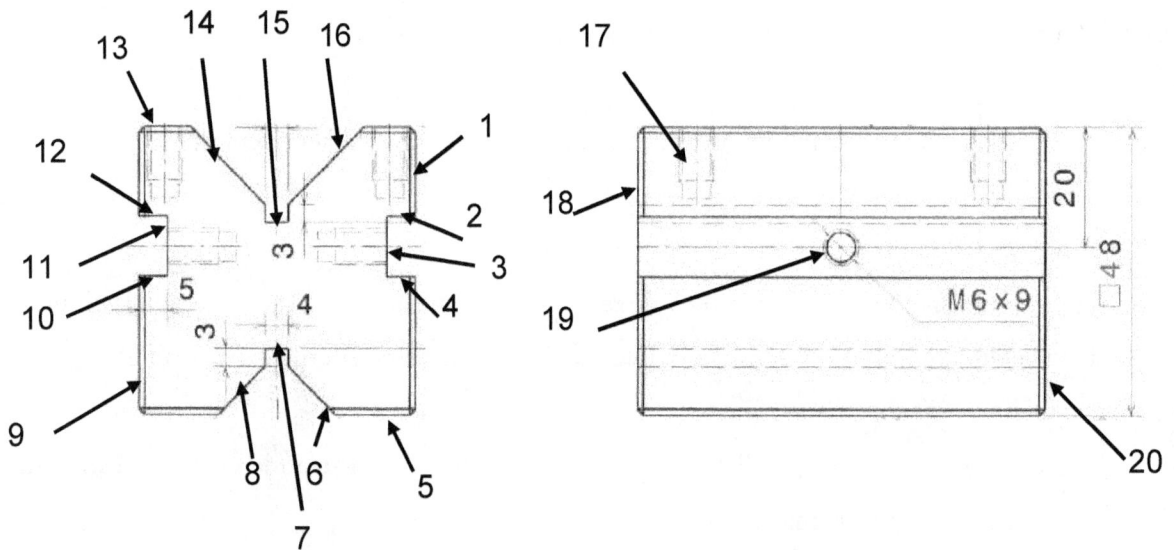

b) Liste des surfaces faisables sans démonter la pièce.

Les faces 1, 5, 9, 13, 18, 20, seront faites lors de la réalisation du brut : 6 sous-phases.

Puis :

- 14, 15, 16, 17 : une sous phase

- 6, 7, 8 : une sous phase

- 10, 11, 12, 19 : une sous phase

- 2, 3, 4 : une sous phase

c) Chronologie des opérations

A cause du parallélisme :

- 14 et 16 doivent être usinées après 5 et 9 (condition vérifiée car on commence par le parallélépipède)

- 6 et 8 doivent être usinées après 9 et 13 (vérifié pour la même raison)

- 1 doit être usinée après 9 (vérifié : c'est le cas en utilisant la méthode des côtés adjacents)

- 10, 11, 12 doivent être usinées après 5 (vérifiée : 5 est faite lors de la production du parallélépipède)

- 2, 3, 4 doivent être usinées après 5, (idem)

- 13 doit être usinée après 5 (idem)

A cause des cotes à respecter :

- 6, 7, 8 viennent après 5 (cote de 11 mm) : vérifiée (parallélépipède)

- 14, 15, 16 viennent après 13 (cote de 16 mm) : idem

- 10, 11, 12 viennent après 9 (cote de 5 mm) : idem

- 2, 3, 4 viennent après 1 (idem).

- 17 vient après 18 et 20 (cote de 10) : idem

Pour raisons diverses :

- 14 et 16 doivent être usinées après 15 (l'outil doit déboucher, voir explications plus loin)

- 6 et 8 doivent être usinées après 7 (idem)

- 19 vient après 11 (habituel mais discutable)

- 17 vient après 13 (vérifiée : 13 est faite lors du parallélépipède)

Nous commencerons par produire le parallélépipède. Ceci fait, il restera les contraintes suivantes :

- 14 et 16 doivent être usinées après 15 (l'outil doit déboucher, voir explications plus loin)

- 6 et 8 doivent être usinées après 7 (idem)

- 19 vient après 11 (habituel mais discutable)

Pour classer les opérations chronologiquement, le mieux est d'utiliser un tableau d'antériorités (méthode PERT). Le voici :

Opérations antérieures	2	3	4	6	7	8	10	11	12	14	15	16	17	19
2														
3														
4														
6														
7				■		■								
8														
10														
11														■
12														
14														
15										■		■		
16														
17														
19														

La lecture du tableau est simple : pour usiner la face 6 (cherchez 6 sur la ligne du haut), il faut avoir réalisé la surface 7 (ligne de la case noicie). Il existe des surfaces qui n'ont pas d'antériorité : les faces 2, 3, 4, 7, 10, 11, 12, 15, 17 peuvent être usinées de suite.

Ordre des usinages : parallélépipède, (2, 3, 4, 7, 10, 11, 12, 15, 17)

Ensuite, on suppose que ces surfaces sont réalisées : On les supprime du tableau. Cela donne :

Opérations antérieures	6	8	14	16	19
6					
8					
14					
16					
19					

Un tableau vide ! Les surfaces 6, 8, 14, 16, 19 peuvent être réalisées.

L'ordre de réalisation des surfaces est :

parallélépipède, (2, 3, 4, 7, 10, 11, 12, 15, 17), (6, 8, 14, 16, 19)

d) Chronologie des sous phases

- le parallélépipède (six sous phases)

- 2, 3, 4 puis 19' (trous face 3)

- 10, 11, 12 puis 19

- 7

- 15 (on continue par 15 pour conserver l'outillage)

- 14, 16, 17 (17 peut être retardée car elle n'est l'antériorité d'aucune opération)

- 6, 8

Usinez les surfaces 1, 5, 9, 18, 20 et 13 en six sous phases avec la méthode des côtés adjacents, en utilisant une fraise à surfacer et calculant les paramètres de coupe.

Une feuille d'instructions détaillée vierge est proposée page suivante : Faites en quelques copies, remplissez les, puis passez sur la machine.

opération	désignation	schéma	outils	p mm	V m/min	N t/min	a mm/dent	A mm/min

sous-phase n°

9.2.2 Usinage des rainures

Pour usiner la première rainure (faces 2, 3 et 4), la face de référence 5 est contre le mors fixe. La cote de fabrication doit partir de la mise en position de la pièce pour aller vers la surface à usiner : c'est la cote Cf. En effet, la position de la surface 5 est connue (mors fixe) alors que la position de la cote de 15 mm ne l'est pas (mors mobile).

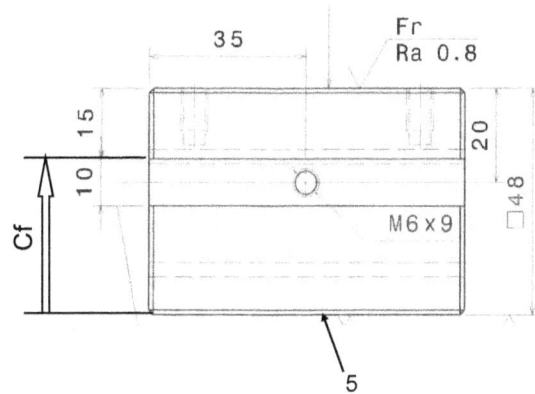

Cf dépend des cotes de 15 mm et 48 mm. On va donc remplacer la cote de 15 mm du dessin, qu'on ne peut pas utiliser, par la cote Cf qui est pratique. En lisant le tableau des tolérances générales, on a :

48 ± 0,3 mm

15 ± 0,2 mm

Que vaut Cf ?

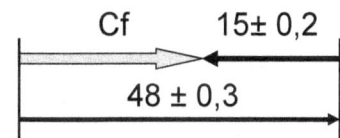

Cote à remplacer maxi = 48 maxi – Cf mini

Cote à remplacer mini = 48 mini – Cf maxi

Cela donne :

Cf mini = 48,3 – 15,2 = 33,1

Cf maxi = 47,7 – 14,8 = 32,9

Les feuilles d'instructions détaillées qui suivent concernent l'usinage de la première rainure.

Usinage des surfaces 10, 11, 12.

Pour usiner la deuxième rainure, vous pouvez utiliser la feuille d'instruction vierge pour préparer le travail : la méthode est la même. Ensuite, vous pourrez l'usiner. Nous avons donc réalisé le parallélépipède, 2, 3, 4, 10, 11, 12.

sous-phase n° 7

opération	désignation	schéma	outils	p mm	V m/min	N t/min	a mm/dent	A mm/min
1 et 2	rainurage finition des surfaces 2, 3		fraise cylindrique deux tailles Ø 8 mm, 2 dents	pZ = 3	22	875	0,05	>88

Monter la pièce dans l'étau. Monter la fraise et régler vitesse et avance. Faire tourner la broche.
Venir tangenter les faces 5 et 1 et remettre les tambours à zéro (on peut utiliser un colorant si on a peur de marquer la pièce en tangentant). Dégager la fraise vers la droite.
Déplacer la fraise de 33 mm en Y- et régler une passe pZ = 3 mm.
Lancer l'arrosage, embrayer l'avance automatique X-.
Lorsque la passe est terminée, débrayer l'avance automatique, arrêter l'arrosage et dégager la fraise vers la droite. Arrêter la broche.

sous-phase n° 7

opération	désignation	schéma	outils	p mm	V m/min	N t/min	a mm/dent	A mm/min
3	rainurage finition surface 2		fraise cylindrique deux tailles Ø 8 mm, 2 dents	pZ calculée	22	875	0,05	>88

Mesurer la profondeur obtenue. La nouvelle profondeur de passe pZ sera pZ = 5 - mesure. Régler la profondeur de passe, noter la position du tambour de console) et régler vitesse et avance de finition. Faire tourner la broche.

Lancer l'arrosage, embrayer l'avance automatique X-. Lorsque la passe est terminée, débrayer l'avance automatique, arrêter l'arrosage et dégager la fraise vers la GAUCHE. Arrêter la broche.

sous-phase n° 7

opération	désignation	schéma	outils	p mm	V m/min	N t/min	a mm/dent	A mm/min
4	rainurage finition surfaces 3 et 4		fraise cylindrique deux tailles Ø 8 mm, 2 dents	pZ calculée	22	875	0,05	>88

Déplacer la fraise en Y+ (vers la machine) de 1 mm. En Z, revenir à la position notée du tambour de potence.
Régler vitesse et avance d'ébauche. Faire tourner la broche.

Lancer l'arrosage, embrayer l'avance automatique X+
Lorsque la passe est terminée, débrayer l'avance automatique, arrêter l'arrosage et dégager la fraise vers la gauche. Arrêter la broche.
Mesurer la largeur de rainure obtenue.

sous-phase n° 7

opération	désignation	schéma	outils	p mm	V m/min	N t/min	a mm/dent	A mm/min
5	rainurage finition surface 4		fraise cylindrique deux tailles Ø 8 mm, 2 dents	pZ calculée	22	875	0,05	>88

Régler en Y+ une profondeur de passe pY = 10 - mesure. En Z, revenir à la position notée du tambour de potence.
Régler vitesse et avance de finition. Faire tourner la broche.

Lancer l'arrosage, embrayer l'avance automatique X+
Lorsque la passe est terminée, débrayer l'avance automatique, arrêter l'arrosage et dégager la fraise vers la gauche. Arrêter la broche.
Mesurer la largeur de rainure obtenue.

Faire l'autre rainure de la même manière, mais avec les paramètres d'ébauche; comparer les résultats.

9.2.3   Rainurage à la scie

La rainure centrale de profondeur 11 mm et de largeur 4 mm peut être obtenue en utilisant une fraise à rainurer comme précédemment. Cependant, pour continuer notre découverte de la machine, nous allons utiliser la machine en fraiseuse horizontale et réaliser la rainure par sciage en utilisant une scie d'épaisseur 4 mm. Le diamètre devra être assez grand pour atteindre la profondeur de 11 mm de trait de scie sans que l'arbre porte fraise touche la pièce (et 16 mm de l'autre côté !). Il doit donc être supérieur à deux fois la profondeur de passe + diamètre des bagues d'écartement. Un diamètre de 160 mm est le minimum à adopter dans notre cas. Vous choisirez donc la plus petite scie de votre atelier dont le diamètre est supérieur ou égal à 160 mm.

Pour le montage de la scie, nous avons besoin d'un mandrin, de la scie, de bagues d'écartement et d'un écrou.

- Poser les éléments sur l'établi,

- Serrer le mandrin dans l'étau (nous pourrons nous aider d'un outillage spécialisé comme sur la photo mais ce n'est pas indispensable)

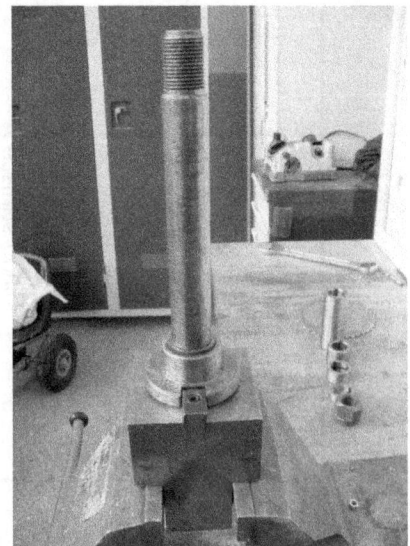

- Enfiler des bagues d'écartement sur le mandrin : leur longueur cumulée doit permettre de placer la scie au bon endroit : ici, on écartera la scie de la glissière verticale de la fraiseuse tout en limitant le porte à faux.

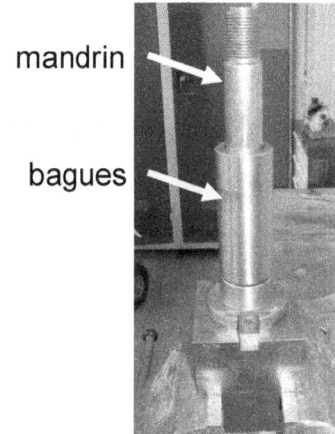

mandrin

bagues

- Enfiler la scie en faisant attention au sens. Il existe plusieurs autres façons de monter une scie : monter une scie entre flasques est une excellente idée (les fraises scie étant très fragiles latéralement à cause de leur finesse, on utilise deux flasques identiques pour les protéger). Ce n'est pas le cas sur les photos puisque l'auteur n'en a pas. Monter une clavette sur le mandrin pour transmettre le couple d'usinage, mais si cela se fait, n'est pas une bonne idée : la scie cassera au lieu de glisser si le couple d'usinage est trop important.

- Enfiler de nouveau des bagues,

Pas assez de bagues: l'écrou ne serrera rien du tout

Assez de bagues: l'écrou serrera tout l'empilement

- Serrer le tout avec l'écrou. Voici ce qu'on obtient :

Remarquez qu'en absence de clavette, la scie est entraînée par adhérence grâce au serrage de l'écrou.

Il faut ensuite préparer la fraiseuse. Pour cela, nous utiliserons la broche horizontale.

- Nettoyer le nez de la broche horizontale et le cône de l'arbre porte fraise,

- Monter le train de fraise dans le nez de la broche horizontale,

- Mettre en place le tirant, le visser dans le train de fraise et serrer l'écrou,

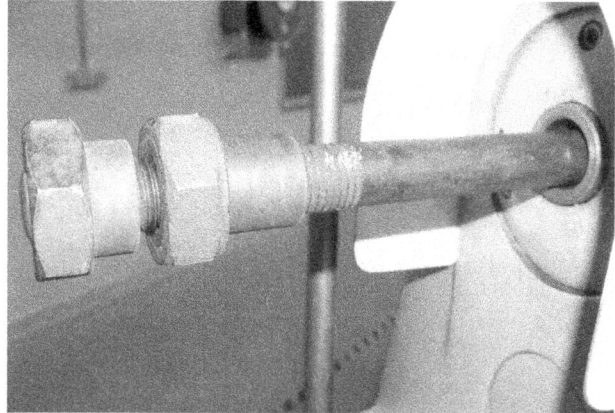

Les paramètres de coupe de la scie.

Pour la vitesse de coupe, la scie obéit au tableau des vitesses de coupe en fraisage de forme. En consultant le tableau, on trouve Vc = 19 m/min.

L'avance par dent du tableau ne convient pas toujours aux scies. En effet, le copeau s'accumule dans le creux de la denture et il faut éviter le bourrage. Regardons ce qui se passe sur la figure ci-dessous :

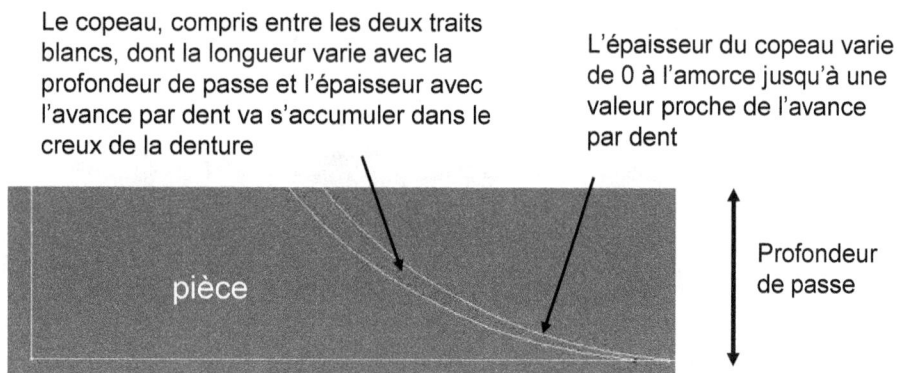

Le copeau, compris entre les deux traits blancs, dont la longueur varie avec la profondeur de passe et l'épaisseur avec l'avance par dent va s'accumuler dans le creux de la denture

L'épaisseur du copeau varie de 0 à l'amorce jusqu'à une valeur proche de l'avance par dent

pièce

Profondeur de passe

S'il y a trop de volume de copeaux pour le creux de la denture, la scie bourre et casse. Pour éviter ce problème, il faut :

- diminuer, si c'est possible, le diamètre de la scie : plus le diamètre de scie est grand, plus le copeau est long pour une même profondeur de passe,

- prendre une denture grossière : en sciant, vous ne faites de toutes façons pas « dans la finesse » et de grosses dents ont un grand creux,

- diminuer l'avance par dent tout en restant au dessus du copeau minimum (qui varie avec les matières à usiner),

- en dernier ressort, diminuer la profondeur de passe.

A priori, on a intérêt à prendre toute la profondeur de passe en un coup, quitte à choisir la plus faible avance par dent, c'est-à-dire le copeau minimum (pour l'acier : 0,05 mm)

Nous choisissons donc une profondeur de passe de 16 mm pour une avance par dent de 0,05 mm.

sous-phase n° 8

opération	désignation	schéma	outils	p mm	V m/min	N t/min	a mm/dent	A mm/min
1	sciage surface 15 (=fraisage de forme finition)		fraise scie 1 taille diamètre 200 épaisseur 4, 50 dents	16	19	30	0,05	>75

Monter la pièce dans l'étau.
Assembler le train de fraise.
Préparer la fraiseuse comme indiqué dans le texte.
Régler vitesse et avance (vitesses de broche horizontale)
Mettre du colorant sur le haut de la face 1.
Faire tourner la broche. Tangenter la face 1: dès que le colorant est rayé, remettre le tambour de chariot à zéro.
Remonter la scie.
Déplacer la scie de (48/2 + 4/2) = 26 mm en Y-. Tangenter la face 13. Remettre le tambour de potence à zéro.
Dégager la scie vers la gauche. Régler une profondeur de passe de 16 mm (attention: la scie ne doit pas venir heurter la pièce lors du réglage!)
Lancer l'arrosage, embrayer l'avance automatique X+
Lorsque la passe est terminée, débrayer l'avance automatique, arrêter l'arrosage et dégager la scie vers la gauche. Arrêter la broche.

sous-phase n° 9

opération	désignation	schéma	outils	p mm	V m/min	N t/min	a mm/dent	A mm/min
1	sciage surface 7		fraise scie 1 taille diamètre 200 épaisseur 4, 50 dents	11	19	30	0,05	>75

Retourner la pièce.
Mettre du colorant sur le haut de la face 1.
Faire tourner la broche. Tangenter la face 1: dès que le colorant est rayé, remettre le tambour de chariot à zéro.
Remonter la scie.
Déplacer la scie de (48/2 + 4/2) = 26 mm en Y-. Tangenter la face 5.
Remettre le tambour de potence à zéro.
Dégager la scie vers la gauche. Régler une profondeur de passe de 11 mm (attention: la scie ne doit pas venir heurter la pièce lors du réglage!)
Lancer l'arrosage, embrayer l'avance automatique X+
Lorsque la passe est terminée, débrayer l'avance automatique, arrêter l'arrosage et dégager la scie vers la gauche. Arrêter la broche.

9.2.4 Usinage du vé supérieur

Prise de pièce

Pour usiner le vé supérieur, la pièce sera positionnée dans l'étau si un vé d'usinage. L'isostatisme du vé d'usinage est composé d'un appui plan sur fond d'étau, d'un appui linéique sur mors fixe et d'un appui ponctuel (doigt monté sur étau). Ici, le doigt est très important car il permet d'obtenir la symétrie de l'ébauche et de la finition par retournement de la pièce.

L'isostatisme de la pièce, à priori, serait composé d'une liaison glissière sur le vé d'usinage (la pièce ne peut plus que coulisser suivant Y) et d'un appui ponctuel sur mors fixe. Grave erreur ! A cause du serrage, il est en fait constitué d'un appui plan sur mors fixe, d'un centrage court sur vé d'usinage (qui supprime les translations suivant X et Z) et d'une indexation angulaire qui supprime un degré de liberté : la rotation suivant Y.

Choix des outils.

Pour l'ébauche, nous utiliserons la même fraise à défoncer que pour la glissière. Pour la finition, nous utiliserons une fraise deux tailles diamètre 50 à plaquettes carbure. L'exercice peut aussi se faire avec la fraise deux tailles diamètre 63 mm des exercices précédents mais il faudra calculer les paramètres de coupe adaptés et renoncer à la rugosité de 0,8 µm.

En ébauche, il s'agit d'un fraisage combiné car le bout et le profil de la fraise vont travailler en même temps. Cependant, une fraise de défonçage travaille mieux de profil que de face car seule l'arête longitudinale est ondulée (brise copeaux). Il faut donc positionner la fraise avec intelligence : l'arête de la fraise devra non seulement être au dessus de la rainure, mais du bon côté.

Pour l'exercice, on va ébaucher une face du vé de profil, retourner la pièce et ébaucher l'autre face du vé de profil (on obtient une ébauche symétrique). Ensuite, il faudra finir une face du vé en fraisage de face, retourner la pièce et finir l'autre face du vé en fraisage de face.

De la bonne manière de tangenter

Etudions les deux figures ci-dessous :

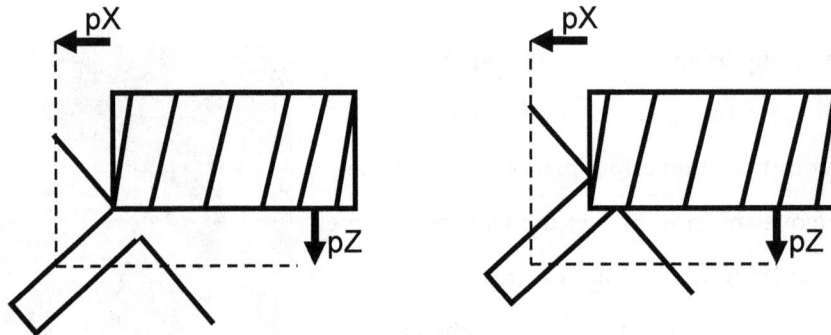

Dans la figure de gauche, on vient tangenter sur l'arête supérieure de la rainure sans toucher l'arête inférieure. En réglant une profondeur de passe à 45° (en réglant pX et pZ à une même et unique valeur), la fraise va surtout travailler de profil : c'est exactement ce qu'on attend d'une fraise à défoncer. Pour l'exercice, c'est la solution retenue.

Dans la figure de droite, on vient tangenter sur les deux arêtes de la rainure. En réglant une profondeur de passe à 45°, il y a deux inconvénients :

- la fraise travaille autant de face que de profil,
- cela nous enlève l'opportunité de retourner la pièce pour obtenir la symétrie.

Calcul des profondeurs de passe

Pour le calcul des profondeurs de passe, on utilisera la figure de droite ci-dessus. En effet, c'est le cas le plus défavorable : elle produit le plus de copeaux et nous devons déterminer un réglage qui nous assure encore une surépaisseur de finition.

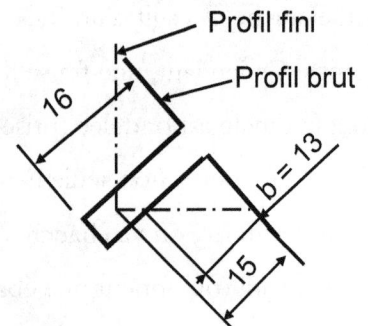

Prenons l'exemple du vé supérieur.

La profondeur de rainure est de 16 mm avec un fond de rainure de 3 mm. Cela donne une cote b = 13 mm.

Or on prévoit une surépaisseur de finition de 2 mm à 45°.

Par conséquent $b_{ébauche} = 13 - 2 = 11$ mm.

Or, dans un triangle à 45°, on a : $pX = pZ = b \times \cos 45°$

En ébauche, $b = 11$, d'où $pX = pZ = 7,78$ mm

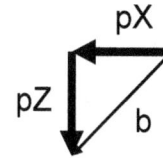

De même, pour le vé inférieur, on aura :

b total = 8 mm

b ébauche = 6 mm

$pX = pZ = 4,25$ mm

Mesure de la profondeur du vé.

La profondeur du vé ne peut pas être mesurée directement : il faut utiliser une pige pour y parvenir.

Pour cela, on mesure la cote réelle M.

On mesure la cote réelle C.

On connait le rayon r de la pige.

Le vé termine à 13 mm de profondeur, pour une largeur de rainure de 4 mm (dessin de la pièce) : par suite, X devrait être égal à 15 mm.

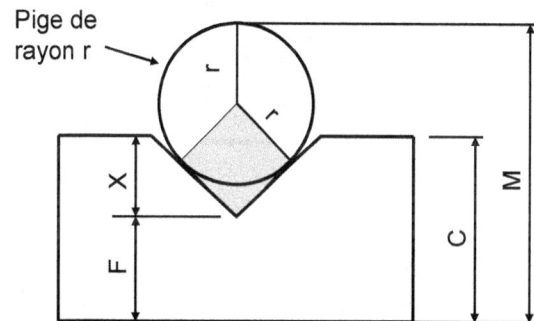

Enfin, en mesurant M, on veut connaître la vraie valeur de X.

On a :

$M = r + 2\,r \times \cos 45° + F$

et

$X + F = C$

D'où :

$X = C - M + r + 2r \times \cos 45°$

Exemple: on mesure C = 48,12 mm et M = 59,21 mm avec une pige de diamètre 20 mm. On obtient X = 13,05 mm.

sous-phases n° 10 et 11

opération	désignation	schéma	outils	p mm	V m/min	N t/min	a mm/dent	A mm/min
1	fraisage du vé supérieur (ébauche)	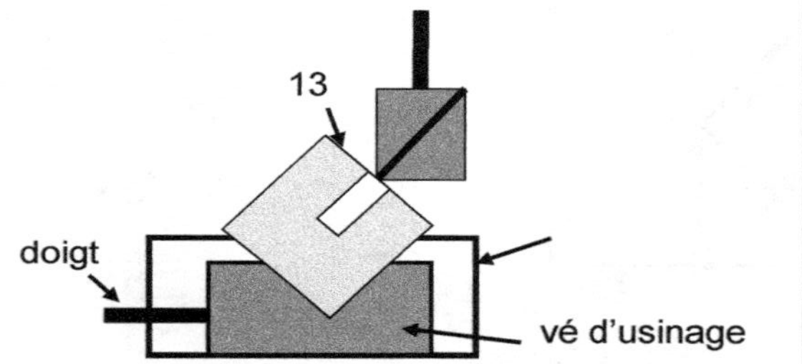	fraise d'ébauche deux tailles, cylindrique, queue cône morse, diamètre 32, série courte, 5 dents	pX = pZ = 7,78 mm	20	200	0,12	120

vé d'usinage

13

doigt

tangenter ici

ne pas toucher

Monter la pièce selon schéma ci-dessus.
Monter la fraise sur la broche, régler les paramètres de coupe.
Positionner la fraise au dessus de la face 13.
Faire tourner la broche, tangenter sur la surépaisseur d'usinage (schéma ci-contre) et mettre les tambours de console et de table à zéro.
Dégager la fraise vers l'avant.
Régler les profondeurs de passe pX et pZ, lancer l'arrosage, embrayer l'avance automatique Y+. La fraise défonce la pièce.
Quand la fraise est complètement dégagée, débrayer l'avance, arrêter l'arrosage puis arrêter la broche.
Enlever la pièce, dégager la fraise à l'avant, remonter la pièce pour fraiser l'autre face du vé, et refaire une passe sans changer les réglages. Attention: s'assurer qu'il n'y a pas de copeaux sur le vé avant d'y poser la pièce.

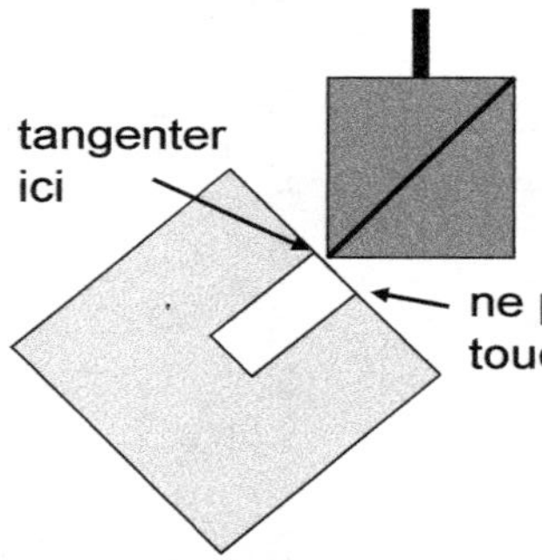

sous-phases n° 11 et 12

opération	désignation	schéma	outils	p mm	V m/min	N t/min	a mm/dent	A mm/min
2	fraisage du vé supérieur (semi-finition)		fraise à surfacer dresser à plaquette carbure Ø 50 mm, 4 dents, rayon bec> 0,8 mm	pZ = 0,5 mm	120	760	0,15	>456

Monter la fraise dans la broche, régler les paramètres de coupe et faire tourner la broche.
Positionner la fraise au dessus de la face horizontale et tangenter les deux faces.
Remettre le tambour de potence à zéro et dégager la fraise vers l'avant.
Régler une passe de 0,5 mm.
Embrayer l'avance automatique Y+. La fraise usine la pièce.
Quand la fraise est complètement dégagée, débrayer l'avance puis arrêter la broche.
Enlever la pièce, dégager la fraise à l'avant, remonter la pièce pour fraiser l'autre face du vé, et refaire une passe sans changer les réglages.

sous-phase n° 13

opération	désignation	schéma	outils	p mm	V m/min	N t/min	a mm/dent	A mm/min
3	mesure de la profondeur du vé	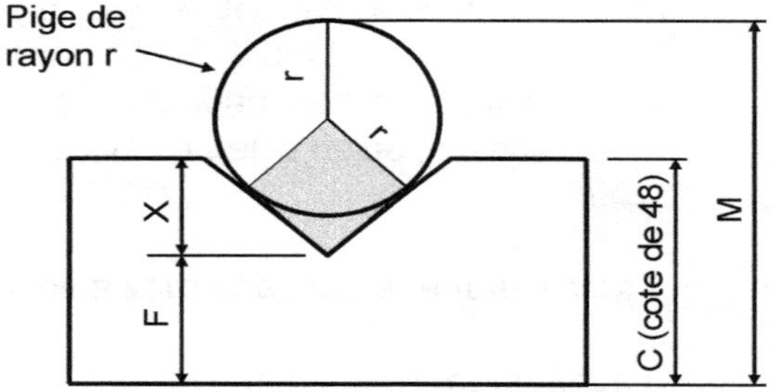	pige, palmer ou pied à coulisse					

schéma :

Pige de rayon r

M

C (cote de 48)

X

F

r

r

outils :

$$pZ = (15 - X) \cos 45°$$

15

13

$$p = 15 - X$$

Mesurer C et M selon schéma ci-dessus.

$$X = C - M + r + 2\,r \times \cos 45°$$

La prochaine profondeur de passe à 45° sera égale à $p = 15 - X$, qui, pratiquement, se transforme en $pZ = (15 - X) \cos 45°$ avec retournement.

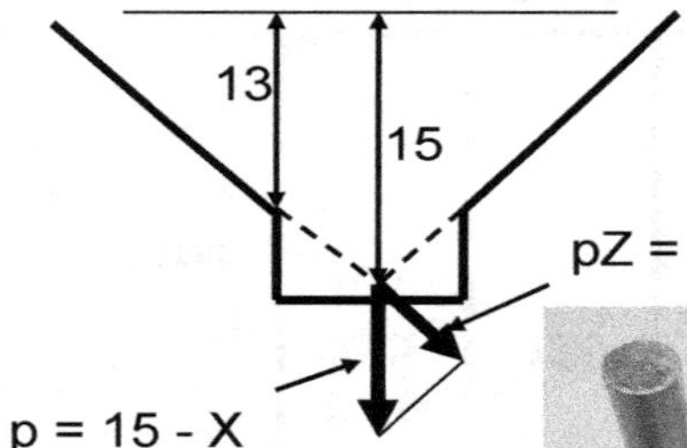

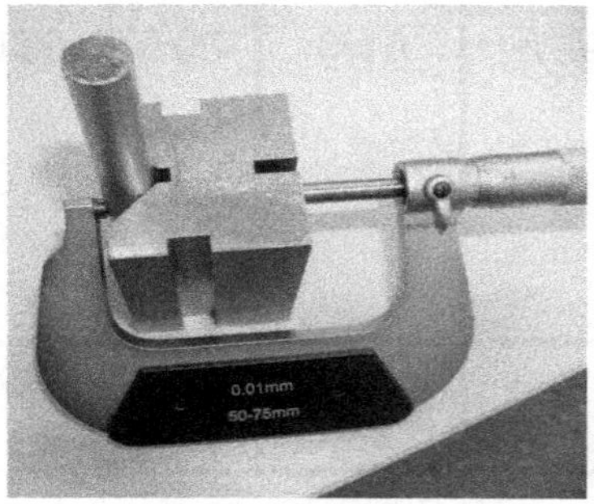

sous-phases n° 14 et 15

opération	désignation	schéma	outils	p mm	V m/min	N t/min	a mm/dent	A mm/min
	fraisage du vé supérieur (finition)	13, doigt, vé d'usinage	fraise à surfacer dresser à plaquette carbure Ø 50 mm, 4 dents, rayon bec> 0,8 mm	pZ calculée	120	760	0,15	>456

Faire tourner la broche.
Régler la profondeur de passe pZ.
Embrayer l'avance automatique.
Quand la fraise est complètement dégagée, débrayer l'avance puis arrêter la broche.
Enlever la pièce, dégager la fraise à l'avant, remonter la pièce pour fraiser l'autre face du vé, et refaire une passe sans changer les réglages.
Contrôler la profondeur du vé obtenue.

BIBLIOGRAPHIE

A.DOURNIER, P.SAGET, A.CHEVALIER, R.LABILLE, Fraisage des métaux, Delagrave, 1983

A.CHEVALIER, E.LECOEUR, Analyse des travaux, Delagrave, 1959

B.VIEILLE, Usinage, Conservatoire National des Arts et Métiers, document PDF

Editions Yves Bauswein, 31 rue principale, 67330 Ernolsheim

Achevé d'imprimer par AMAZON Corp. (Etats Unis) en mai 2018

Prix suggéré : 18 euros

Dépôt légal mai 2018

www.ingramcontent.com/pod-product-compliance
Lightning Source LLC
Chambersburg PA
CBHW051218200326
41519CB00025B/7166